CHENGDAO YOUTIAN HAISHANG ZISHENGSHI PINGTAI
CHABAZHUANG JISUAN YU PINGJIA FANGFA

埕岛油田海上自升式平台
插拔桩计算与评价方法

荆少东　著

中国海洋大学出版社
·青岛·

图书在版编目（CIP）数据

埕岛油田海上自升式平台插拔桩计算与评价方法 /
荆少东著. —青岛：中国海洋大学出版社，2021.2
ISBN 978-7-5670-2780-0

Ⅰ.①埕… Ⅱ.①荆… Ⅲ.①采油平台—打桩—计算方
法 ②采油平台—拔桩—计算方法 Ⅳ.①TE951

中国版本图书馆CIP数据核字（2021）第029840号

出版发行	中国海洋大学出版社			
社　　址	青岛市香港东路23号		邮政编码	266071
网　　址	http://pub.ouc.edu.cn			
出 版 人	杨立敏			
责任编辑	王积庆		电　　话	0532-85902349
电子信箱	wangjiqing@ouc-press.com			
印　　制	青岛中苑金融安全印刷有限公司			
版　　次	2021年2月第1版			
印　　次	2021年2月第1次印刷			
成品尺寸	170 mm×240 mm			
印　　张	10			
字　　数	148千			
印　　数	1～1000			
定　　价	39.00元			
订购电话	0532-82032573（传真）			

发现印装质量问题，请致电0532-8566115，由印刷厂负责调换。

目　录

1 绪论

1.1 引言

随着世界经济的繁荣和科学技术的发展，石油作为重要的能源，用途越来越广泛，未来全球油气资源消费需求呈现刚性增加。近年来，受国际油价上涨、陆上油田产量受限等客观因素影响，海洋油气产量在全球油气产量中所占比例进一步提高，海洋石油占比从 2005 年的 33% 提高至 2020 年的 42%；海洋天然气占比从 2005 年的 28% 提高到 2020 年的 36%。很多国家高度重视海上油气开采，纷纷将发展海上油气开采业和海洋油气开采装备作为国家能源发展战略的重点。我国作为世界第一大石油进口国，在陆上油气资源不足和从海外开发及进口油气存在不确定因素的情况下，开发海洋油气成为确保国家石油安全的重要途径。与此同时，《中国制造 2025》中明确指出，加快发展海洋工程装备是我国建设海洋强国的必由之路，加快发展海洋工程高端装备制造业是工业转型升级的重要引擎。

美国于 1954 年建成了世界上第一个自升式钻井平台"德隆 1 号"，我国也于 1972 年建成"渤海 1 号"自升式钻井平台。在诸多种类的海洋油气开采装备中，海上自升式平台以其具有作业灵活、钢材用量少、建造成本低、可移动性能好、操作费率低、作业稳定性好、定位能力强、投资成本低、可重复使用等诸多优势特点，成为近海油气勘探开发最重要的海洋工程装备。据国际权威机构统计，自升式钻井平台的数量约占海上移动式钻井平台的 60%。

海上自升式平台主要由平台结构、升降机构、桩腿、桩靴、钻/修井设备以及生活楼等组成。自升式平台在工作时为了避免受海浪冲击，用升降机构将其举升到海面以上一定高度，依靠桩腿的支撑站立在海底进行钻井或其他支持作业。因此，桩腿是自升式平台中非常关键的组成部分，其用于在自升式平台作业时支撑上部船体的整体重量并承受风、浪、流等环境载荷。完成作业任务后，则将平台下降至海面，拔起桩腿并将其升至拖航位置，即可拖航到下一个作业区作业。

历史上，发生过多起海上自升式平台倾覆、倒塌事故，造成重大人员伤亡和财产损失，其中，桩靴刺穿事故占比 50% 以上，例如 2015 年 4 月墨西哥一个自升式平台在就位插桩完成之后发生刺穿事故，造成 2 名工人丧生。因此在实际插桩前，对平台进行插桩性能研究是安全工作和避免发生刺穿事故的保障。埕岛油田位于黄河入海口处的极浅海区，水深 5 ~ 25 m，已建成各种固定式采油平台 100 多座，配备有 11 个自升式移动平台进行井下作业。

本书所述方法着眼于服务埕岛油田服役的海上自升式移动平台，建立并完善海上自升式移动平台插桩稳定性计算模型，优化参数取值办法，为海上石油开采过程中自升式移动平台插桩就位施工提供最基础的技术支持和安全保障。

1.2 国外同类技术现状和发展趋势

欧美发达国家海洋石油勘探开发起步较早，相关技术经验较为丰富，海洋石油勘探、钻井以及海上平台的建造技术也较为发达。其中，海上自升式移动平台是近海石油和边际油田开发的重要设备，在海洋油气的开发勘探中占据主力军地位。自美国于 1954 年建成世界上第一个自升式平台开始，欧美诸多国家加大了对自升式平台的研发和制造力度。随着新材料的出现和设计建造能力的不断提高，自升式平台的工作水深逐步从十几米的极浅海域提升至数百米的近海域，其能够适应的工作环境也越来越恶劣，例如，荷兰的 MSC 公司设计的一系列自升式平台能够在挪威北海和加拿大东海岸的超恶劣环境中工作，提升了其适用的工作区域。由于自升式平台建造技术容易掌握，能在近海油气海域较大水深范围内移动，适应不同的海底地形地质条件，因而得到了普遍的重视和广泛的应用。发达国家针对海上自升式平台的建造、设计规范较为成熟和完善。《石油和天然气工业移动式海上装置的特定场所评定第 1 部分：自升式钻井平台》（ISO 19905-1：2016）就是其中的典型代表，对海上自升式移动平台插桩稳定性给出了推荐计算方法，已经在英国北海、美国墨西哥湾等海上油田得到广泛应用。

1.3 国内同类技术现状和发展趋势

我国拥有漫长的海岸线和广阔的海域，海洋中蕴藏着丰富的油气资源，是未来石油勘探和开发的主战场。我国的海洋工程还处于起步阶段，虽然已经具备建造大型海洋平台的能力，但关键设备的研发能力和制造水平还有待发展和提高；也初步建立了相关设备的使用手册和建造规范，例如中国船级社（CCS）发布的《海上移动平台入级和建造规范》，但亟待建立一套完整的海上自升式平台的设计及评价方法体系。国务院 2009 年通过的《船舶工业调整和振兴规划》，已将海洋工程装备的发展作为重点任务之一，要求大力开展技术创新，提高自主研发能力，这将对提升我国海洋工程能力，加快我国黄海、东海及南海等水深较大的大陆架油气资源的勘探开发具有重大意义。国内现行的海上自升式平台插桩稳定性计算方法主要依据《海洋井场调查规范 SY/T6707—2016》附录 G，该部分内容引自《石油和天然气工业移动式海上装置的特定场所评定第 1 部分：自升式钻井平台》（ISO 19905-1：2016）。

现行规范计算方法均引自国外规范，是半理论半经验的计算方法，而且埕岛油田海域因为沉积环境多变，导致海底地层工程地质状况复杂，浅部分布有铁板砂和软土地层且分布不均。应用现行规范计算方法进行海上自升式移动平台插桩稳定性计算，自升式平台插桩深度和设计深度不符的情况也时有发生，存在安全隐患。其中，最常见也是最危险的情况是"铁板砂 + 淤泥"这种地层，易发生刺穿破坏。

2 插桩计算方法研究技术方案

2.1 研究工作内容

2.1.1 收集和采集数据，建立数据库

（1）收集历史资料，包括埕岛油田海底地形、地层、自升式平台插桩记录、平台参数、海洋水动力数据等。

（2）在海上自升式平台拟就位场区进行地球物理探测，查明场区内水深地形、微地貌特征和前期插桩形成的桩穴位置和深度。

（3）对数据缺失的区域进行工程地质调查，采用工程地质钻探或静力触探手段，查明地层分布情况，计算地基承载力，评价自升式平台插桩就位施工的适用性。

（4）对数据进行分析和筛选，实现数据标准化整合、入库，建立移动平台插桩数据库系统。

2.1.2 构建稳定性计算模型

（1）传统理论研究。应用多种传统理论，对比研究平台插桩深度和海底地层、平台类型、海洋水动力数据之间的相关关系，初步构建计算模型。

（2）离心机模型试验研究。通过室内大型离心机模型试验，模拟自升式平台现场插桩施工的工况，实时监测土体破坏过程和最终结果，对计算模型予以完善和优化。

（3）大变形有限元数值模拟分析研究。应用大变形有限元数值模拟分析

方法，对自升式平台插桩进行模拟，与离心机模型试验和现场施工结果进行对比分析、研究，对计算模型予以进一步优化，最终形成完善的计算模型。

2.1.3 建立分析评价系统

（1）波浪荷载引起海底土体液化。研究波浪荷载引起海底土体液化机理及其对自升式平台稳定性的影响。

（2）平台反复插拔桩地层变化规律。研究平台反复插拔桩情况下海底地层的变化规律，及其对自升式平台稳定性的影响。

2.2 研究方案

本书以"海上埕岛油田移动平台场址工程地质调查项目"为依托，参考相关标准、规范及学习资料，对自升式平台插桩稳定性计算方法进行深入的理论研究，对海底地层、平台插桩记录、平台参数之间的关系透彻分析，并初步选取、建立计算模型；选取正确的现场试验方法、进行符合实际情况的室内模拟试验对所构建的模型进行验证和优化，最终建立了完成可靠的埕岛油田海上移动平台地质信息分析与评价系统。如图 2-1 所示，具体方案如下。

2.2.1 数据收集和采集

收集自升式移动平台在埕岛海域插桩作业历史资料、地质信息数据、现役平台的相关参数和海洋水动力数据。对于地质信息缺失数据的区域，应用地球物理探测、工程地质钻探、海洋静力触探（CPT）进行现场采集或者室内高精度土工试验。

2.2.2 建立数据库

制定数据分析技术路线，对收集和采集来的数据进行分析和筛选，实现数据标准化整合、入库，建立移动平台插桩数据库系统。

2.2.3 构建计算模型

应用多种传统理论，对比研究平台插桩深度和海底地层、平台类型、海洋水动力数据之间的相关关系，初步构建计算模型。

2.2.4 优化和验证计算模型

通过室内大型离心机模型试验，模拟自升式平台现场插桩施工的工况，实时监测土体破坏过程和最终结果，对初步建立计算模型予以完善和优化；同时，应用大变形有限元数值模拟分析方法，对自升式平台插桩进行模拟，与离心机模型试验和现场施工结果进行对比分析、研究，对计算模型予以进一步优化，最终形成完善的计算模型。

2.2.5　建立分析评价系统

通过对波浪荷载引起海底土体液化、平台反复插拔桩地层变化规律的研究，以及这些因素对平台稳定性影响的研究，建立平台稳定性分析评价系统，为业主提供决策支持。

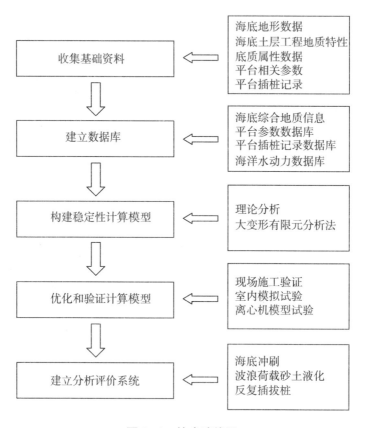

图 2-1　技术路线图

3 数据收集及建立数据库

通过历史资料收集和现场调查，对埕岛油田海上自升式平台场址地形地貌、海底地层、插桩记录数据等内容进行收集，必要时进行工程地质调查、地球物理探测等工作，对数据缺失的区域和埕岛海域分布的特殊土层（铁板砂）进行针对性调查（包括地球物理探测、工程地质钻探和 CPT 以及高精度室内试验等），获取海底地层数据。对采集和收集的自升式平台插桩作业历史记录、地质信息数据、现役平台的相关参数和海洋水动力数据进行分析和筛选，建立移动平台插桩数据库。

3.1 历史资料收集

3.1.1 自升式平台数据

收集到在埕岛油田服役的各类自升式平台 19 个，平台插桩稳定性计算各项参数如表 3-1 所示。

表 3-1 埕岛油田海上自升式平台各项参数表

序号	平台名称	平台类型	水深范围（m）	主体船			桩腿			桩靴		
				型长（m）	型宽（m）	型深（m）	外径（m）	长度（m）	数量（根）	型长（m）	型宽（m）	型深（m）
1	XSL-1	自升式	6.0 ~ 50	54	53	5.5	3.5	80	3	11	11	2
2	SL-6	自升式	5.5 ~ 20	47.5	33.5	4.52	2.5	52	4	9.1	9.1	1.5

（续表）

序号	平台名称	平台类型	水深范围（m）	主体船			桩腿			桩靴		
				型长（m）	型宽（m）	型深（m）	外径（m）	长度（m）	数量（根）	型长（m）	型宽（m）	型深（m）
3	SL-7	自升式	5.5～30	44	32.2	5.2	3	70	3	5.8	5.8	1.4
4	SL-8	自升式	5.5～20	44.5	35.4	4.3	3.1	69.2	3	8.5	8.5	1.2
5	SL-9	自升式	5.5～25	48.2	47.6	4.3	2.7	56.7	3	7.9	7.9	2.7
6	SL-10	自升式	6.0～50	54	53	5.5	3.5	80	3	11	11	1.95
7	KT-2	自升式	5.5～50					100				
8	ZYH-6	自升式	6.0～50	54	53	5.5	3.5	80	3	11	11	1.95
9	ZYH-7	自升式	6.0～50	54	53	5.5	3.5	80	3	11	11	1.95
10	ZYH-8	自升式	6.0～50	54	53	5.5	3.5	80	3	11	11	1.95
11	SLZY-4	自升式	5.0～18	37	41	4.2	2.5	56	3	5	5	1.8
12	SLZY-5	自升式	5.0～25	43	36	4.7	2.7	60	3	5.7	5.7	1.7
13	SLZY-6	自升式	4.5～25	39	36	4.634	2.5	60	3	5.7	5.7	1.7
14	SLZY-7	自升式	5.0～45	52	46	5.2	3.1	75	3	7.6	7.6	1.5
15	ZYX-1	自升式	5.0～25	45	38	4.7	3	65	3	5.7	5.7	1.75
16	ZYX-3	自升式	5.0～25	45	38	4.7	3	65	3	5.7	5.7	1.75
17	ZYH-61	自升式	4.5～25	43	36	4.5	2.7	60	3	5.7	5.7	1.6
18	ZYH-62	自升式	4.5～40	45.1	40.7	4.8	3	72	3	8.5	8.5	1.65
19	ZYH-63	自升式	4.5～20	62	34	4.5	2.8	63	4	无桩靴，极限入泥23 m		

3.1.2 海底地层数据

通过收集历史资料、现场勘察和测试，收集到80处平台的海底地层分布情况，各平台分布情况如图3-1所示。

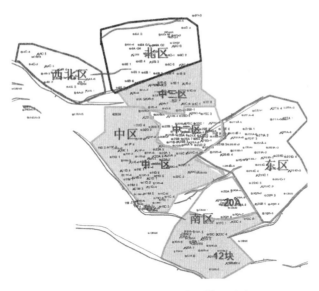

图 3-1 收集到的海底地层情况分布图

3.1.3 自升式平台插桩记录

插桩记录共收集到 74 处井场的 195 次平台插桩记录，部分自升式平台插桩记录如表 3-2 所示。

表 3-2 自升式平台插桩记录表

序号	移位时间	平台名称	钻孔推荐入泥深度（m）	就位平台	桩靴入泥情况（m）
1	20170212	ZYX-3	桩穴内（右舷）7.8； 桩穴外 11.0	CB25C	艉桩：8.24 左桩：4.55 右桩：4.71
2	20170214	ZY-4	桩靴内（右舷）10.6； 桩靴内（艉桩）3.1	CB22B	艉桩：1.77 右桩：1.96 左桩：2.38
3	20170221	ZY-5	桩穴内（左舷）9.90； 桩穴外 9.80	CB32A	艉桩：1.72 右桩：1.93 左桩：1.64
4	20170224	ZYX-1	桩靴内（右舷）12.1； 桩靴外 12.80	CBG4A-1	艉桩：4.39 右桩：5.4 左桩：4.9

（续表）

序号	移位时间	平台名称	钻孔推荐入泥深度（m）	就位平台	桩靴入泥情况（m）
5	20170309	SLZY-7	桩穴内（左艉）8.8； 桩穴外 8.5	CB325A	艏桩：6.32 左桩：6.21 右桩：6.49
6	20170310	SLZY-5	桩靴内（右艉）10.1； 桩靴内（艏桩）10.0	CB22E	艏桩：7.05 右桩：6.71 左桩：5.14
7	20170315	ZYX-3	桩穴内（左艉）11.5； 桩穴外 12.4	CB20	艏桩：9.55 左桩：5.7 右桩：9.64
8	20170315	SLZY-6	桩穴内（左艉附近）2.7； 桩穴外 11.30	CB12D	艏桩：10.07 右桩：8.03 左桩：6.96
9	20170324	ZY-4	桩靴内（右艉）12.1； 桩靴内（艏桩）12.1	CB11E	艏桩：7.20 右桩：2.83 左桩：4.24
10	20170329	SLZY-7	桩穴内（左艉）8.8； 桩穴外 8.5	CB325A	艏桩：6.99 左桩：7.25 右桩：7.58
11	20170407	ZYX-3	桩穴内（左艉）2.3； 桩穴外 10.8	CB11D	艏桩：7.06 左桩：1.99 右桩：4.97
12	20170419	SLZY-6	桩穴内（右艉）11.7； 桩穴外 1.7	CB20B	艏桩：7.61 右桩：4.2 左桩：8.0
13	20170420	ZY-5	桩穴内（左艉）11.0； 桩穴外 11.3	CB25E	艏桩：4.34 右桩：6.26 左桩：5.98
14	20170512	SLZY-6	桩穴内（右艉）12.4； 桩穴外 13	CBX821	艏桩：9.82 右桩：9.23 左桩：8.30
15	20170518	ZY-5	桩穴内（右艉）11.0； 桩穴外 11.5	CB502	艏桩：9.84 右桩：8.09 左桩：7.98

3.2 数据采集

3.2.1 海洋地球物理调查

在自升式移动平台就位之前，对自升式平台拟就位井组进行地球物理调查，以井口为中心，向东西南北各 150 m，共 300 m×300 m 的区域。调查内容主要包括：调查范围内比例尺为 1∶1000 的水深地形测量、微地貌特征调查、前期插桩形成的桩穴调查等。如图 3-2 所示，具体内容如下。

（1）多波束探明井口周围 300 m×300 m 范围内水深，并按照 1∶1000 的比例尺绘制地形、地貌图，井口作业区 100 m×100 m 区域内加密测量。

（2）声呐旁扫井口周围 300 m×300 m 范围，探测裸露在海底的障碍物、裸露管线悬空高度等。

（3）首先利用管线剖面仪对井口周围 300 m×300 m 泥面以下 10 m 范围内进行管线探测。然后利用磁力仪对可疑部位进行矫正，辅助管线仪完成管线探测。

（4）利用浅地层剖面仪、磁力仪对井口周围 300 m×300 m 范围内地貌特征进行调查，标出原就位平台桩穴，对可疑部位进行加密测量。

（5）利用地磁观测技术原理，使用海缆探测仪、磁力仪对入泥部分的电缆的分布、走向及相对位置进行观测。

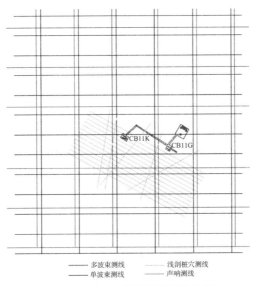

图 3-2　水深测量计划测线布设

1）海底地形特征

本次水深测量结果显示，井场 300 m × 300 m 范围内，海底面稍有起伏，特别是平台构筑物周边起伏较大，测区范围内水深分布在 10.2 ～ 13.3 m，最深水深位于 CB11K 平台东侧的冲刷坑内，深度为 13.3 米。整体上测区西南侧水深相对较浅，CB11G 平台附近的水深相对较深，水深由调查范围的北侧向南侧逐步变浅，趋于平坦。本井场海底地形对自升式平台插桩就位较为有利，施工时注意避开东侧冲刷坑。

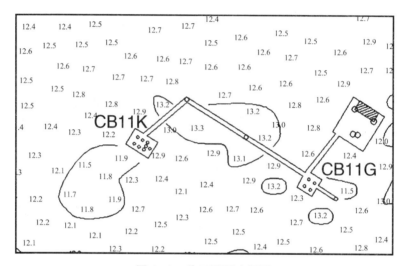

图 3-3　井口附近水深图

2）海底地貌特征

本井场位于黄河废弃水下三角洲边缘，海底表层沉积物以砂质粉土或黏质粉土为主。由于平台构筑物改变了区域海流状况，平台周边经受着水动力的冲蚀，表层沉积物出现了一定的粗化现象。

根据多波束和侧扫声呐调查结果，井场区调查范围内海底面划分为两类微地貌形态：平滑海底和粗糙海底。

（1）平滑海底。平滑海底分布于井场调查范围的南侧和北侧大部分区域，表现为图像色阶较均匀、能量较小的中等反射，反映了微地貌形态较为单一。

（2）粗糙海底。粗糙海底分布于平台附近以及东西条带状区域，从声学反射特征来看，主要表现为声波反射能量不均匀的斑杂状反射、条带状冲刷痕等，反映出底质粗化的特点和海底正处于冲刷过程中。

井场调查范围内典型多波束地貌特征图像如图 3-4 所示。

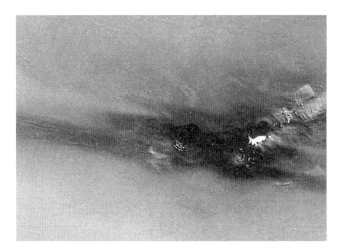

图 3-4　典型多波束地貌图像

井场调查范围内海底地貌缩略图如图 3-5 所示。

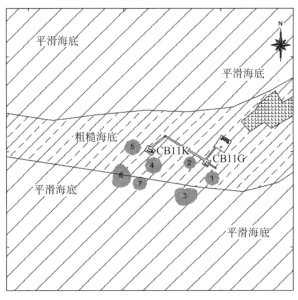

图 3-5　井场海底地貌缩略图

3）桩穴调查

桩穴调查是指平台建设期钻井平台插拔桩后形成的桩穴。浅地层剖面调查结果显示，在井口平台附近，共发现有 7 处桩穴，直径大小为 13 ~ 24 m，深度在 9 m 左右。

通过浅地层剖面仪探测结果分析，桩穴位置的地质层理由上到下明显区别于周围的地质层理，桩穴下方地质层理被完全打乱，桩穴与周围地层在物质组成和强度上均存在突变的界面，在声学反射特征上，呈现声学"透明层"。

图 3-6 为靠近 CB11K 井口平台的 4 号、5 号桩穴图像。

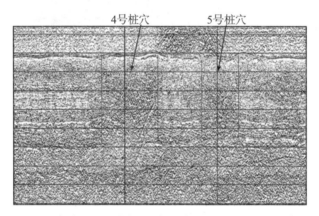

图 3-6 浅地层剖面仪探测桩穴效果图（4 号、5 号桩穴）

图 3-7 为远离 CB11K 井口平台的 6 号、7 号桩穴图像。

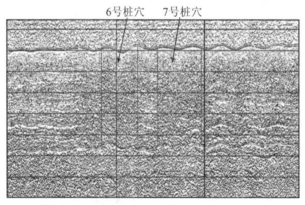

图 3-7 浅地层剖面仪探测桩穴效果图（6 号、7 号桩穴）

图 3-8 为靠近 CB11G 井口平台的 1 号、2 号桩穴图像。

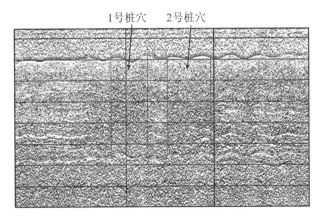

图 3-8　浅地层剖面仪探测桩穴效果图（1 号、2 号桩穴）

图 3-9 为远离 CB11G 井口平台的 3 号桩穴图像。

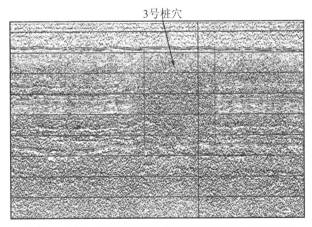

图 3-9　浅地层剖面仪探测桩穴效果图（3 号桩穴）

4）自升式平台插桩就位评价

（1）井组平台附近及平台东西条带状区域水深相对较深，测量区域南北两侧水深相对较浅，水深由平台附近东西条带状区域向调查区域的南侧和北侧逐渐变浅趋于平坦。

本井场海底地形较为平坦，对自升式平台插桩就位较为有利，施工时注意避开东侧冲刷坑。

（2）根据多波束和侧扫声呐调查结果，井场区调查范围内海底面划分为平滑海底和粗糙海底两类微地貌形态。平滑海底分布于井场调查范围的南侧和北侧大部分区域，表现为图像色阶较均匀、能量较小的中等反射，反映了微地貌形态较为单一。粗糙海底分布于平台附近以及东西条带状区域，从声学反射特征来看，主要表现为声波反射能量不均匀的斑杂状反射、条带状冲刷痕等，反映出底质粗化的特点和海底正处于冲刷过程中。

本井场海底地貌较为简单，对自升式平台插桩就位较为有利。

（3）浅地层剖面调查结果显示，在井口平台附近现有 7 处桩穴，直径大小为 13 ~ 24 m，深度在 9 m 左右。自升式平台插桩就位时，注意躲避桩穴位置，如若无法躲避，在工程地质调查工作中，要针对桩穴布置专门的勘探点，查清桩穴内重塑土的工程力学性质和强度，为平台插桩施工提供依据。

3.2.2 海洋工程地质调查

3.2.2.1 工程地质调查方案

按照规范或业主要求，在井组附近进行工程地质钻孔 2 个，深度均为 20 m，勘探点位置由业主指定，两勘探点位置分别位于原桩穴内和桩穴外，并位于拟插桩的桩腿附近。以图 3-10 为例进行说明。

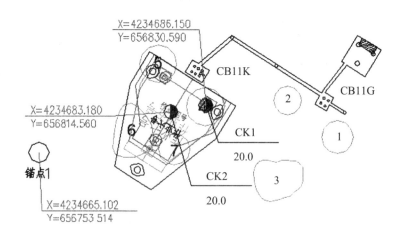

图 3-10　勘探点平面位置图

3.2.2.2 技术要求

取样要求：自泥线起 0 ~ 30 m 每 1.0 ~ 1.5 m 一个样（上下浮动不超过 0.2 m），遇砂层做含气试验，如含气立即封蜡。

原位测试要求：

（1）标准贯入试验：层厚大于 2 m 的不少于 3 个标贯点，小于 1 m 的 1 个点，1 ~ 2 m 的 2 个点。

（2）微型十字板剪切试验：现场进行微型十字板剪切试验。

3.2.2.3 地层分布

根据钻探结果，按照《岩土工程勘察规范》2009 年版（GB 50021-2001），拟建场地地基土勘探深度可按表 3-3、表 3-4 划分，各地层分述如下。

表 3-3 CK201（桩穴内，左舷处）处土层分布情况

层号	岩土名称	分层深度（m）	地质描述	实测标贯击数
1-1	淤泥质粉质黏土	0.0 ~ 9.4	灰褐色，土质较均，局部夹粉土薄层，干强度和韧性中等，含较多贝壳碎屑和有机质。流塑	1.15 ~ 1.45　2 2.65 ~ 2.95　3 4.15 ~ 4.45　3 5.65 ~ 5.95　3 7.15 ~ 7.45　2 8.65 ~ 8.95　3
1-2	粉砂	9.4 ~ 13.6	灰色，土质较均，颗粒较粗，近细砂，主要矿物成分为石英和长石，含较多贝壳碎屑。密实，饱和	10.15 ~ 10.45　33 11.65 ~ 11.95　35 13.15 ~ 13.45　35
1-3	粉质黏土	13.6 ~ 18.0	浅灰色，土质不均，夹粉土层，干强度和韧性中等，含贝壳碎屑和有机质。可塑	14.65 ~ 14.95　12 16.15 ~ 16.45　15 17.15 ~ 17.45　12
1-4	粉土	18.0 ~ 20.0	灰色，土质较均，局部夹粉质黏土薄层，含贝壳碎屑。密实，饱和	19.15 ~ 19.45　12

表3-4　CK202（桩穴外）处土层分布情况

层号	岩土名称	分层深度（m）	地质描述	实测标贯击数	
2-1	淤泥质粉质黏土	0.0 ~ 9.8	灰褐色，土质较均，局部夹粉土薄层，干强度和韧性中等，含较多贝壳碎屑和有机质。流塑	1.15 ~ 1.45 2.65 ~ 2.95 4.15 ~ 4.45 5.65 ~ 5.95 7.15 ~ 7.45 8.65 ~ 8.95	2 3 3 4 3 2
2-2	粉砂	9.8 ~ 14.0	灰色，土质较均，颗粒较粗，近细砂，主要矿物成分为石英和长石，含较多贝壳碎屑。密实，饱和	10.15 ~ 10.45 11.65 ~ 11.95 13.15 ~ 13.45	33 34 35
2-3	粉质黏土	14.0 ~ 18.1	浅灰色，土质不均，夹粉土层，干强度和韧性中等，含贝壳碎屑和有机质。可塑	14.65 ~ 14.95 16.15 ~ 16.45 17.65 ~ 17.95	12 15 15
2-4	粉土	18.1 ~ 20.0	灰色，土质较均，局部夹粉质黏土薄层，含贝壳碎屑。密实，饱和	19.15 ~ 19.45	15

3.2.2.4　土的物理力学指标

根据现场钻探、原位测试及土工试验结果，将各土层的主要的物理力学指标分别列于表3-5和表3-6。

表3-5　CK201（桩穴内，左艉处）处各层土强度计算参数表

层号	土质名称	深度（m）		水下重度（kN/m³）	不排水抗剪强度 C_u（kPa）	内摩擦角 Φ（°）	承载力系数	
		自	至				N_r	N_q
1-1	淤泥质粉质黏土	0	9.4	7.8	12			
1-2	粉砂	9.4	13.6	11.2		33	35.2	26.1
1-3	粉质黏土	13.6	18	10.33	65			
1-4	粉土	18	20	11.16		32	30.2	23.2

表 3-6　CK202（桩穴外）处各层土强度计算参数表

层号	土质名称	深度（m）		水下重度（kN/m³）	不排水抗剪强度 C_u（kPa）	内摩擦角 Φ（°）	承载力系数	
		自	至				N_r	N_q
2-1	淤泥质粉质黏土	0	9.8	7.4	12			
2-2	粉砂	9.8	14.0	11.2		33	35.2	26.1
2-3	粉质黏土	14.0	18.1	10.4	65			
2-4	粉土	18.1	20	10.5		32	30.2	23.2

3.2.2.5　地震效应评价

1）场地抗震设防烈度

根据《建筑抗震设计规范》（GB 50011—2010），该场地抗震设防烈度为 7 度，设计基本地震加速度值为 0.10 g，设计地震分组为第三组。

2）地震液化判别

（1）初步判别。拟建场地的抗震设防烈度为 7 度，对于饱和的砂土或粉土，当符合下列条件之一时，可初步判别为不液化或可不考虑液化影响：

① 地质年代为第四纪晚更新世（Q_3）及其以前时，7 度和 8 度时可判为不液化。

② 粉土黏粒含量百分率，7 度、8 度和 9 度分别不小于 10、13 和 16 时，可判为不液化土。

③ 天然地基的建筑，当上覆非液化土层厚度和地下水位深度符合下列条件之一时，可不考虑液化影响：

$$d_u > d_o + d_b - 2$$

$$d_w > d_o + d_b - 3$$

$$d_u + d_w > 1.5d_o + 2.0d_b - 4.5$$

式中，d_w 为地下水位深度（m），宜按设计基准期内年平均最高水位采用，也可按近期内年最高水位采用；

d_u 为上覆非液化土层厚度（m），计算时宜将淤泥和淤泥质土层扣除；

d_b 为基础埋置深度（m），不超过 2 m 时应采用 2 m；

d_o 为液化土特征深度（m），粉土为 6 m，砂土为 7 m。

由勘察资料可知：

① 该场地地基土为第四纪新近沉积土；

② 抗震设防烈度为 7 度，粉土的黏粒含量百分率大部分小于 10.0；

③ 水位不满足 $d_w > d_o + d_b - 3$。

初判结论：拟建场地的饱和粉土有可能发生液化，应做进一步液化判别。

（2）进一步液化判别。进一步液化判别采用标准贯入试验液化判别法，液化判别公式如下：

$$N_{cr} = N_0 \beta \left[\ln\left(0.6 d_s + 1.5 \right) - 0.1 d_w \right] \left(3/\rho_c \right) 1/2$$

式中，N_{cr} 为液化判别标准贯入锤击数临界值；

N_0 为液化判别标准贯入锤击数基准值，取 $N_0 = 10$；

d_s 为饱和土标准贯入点深度（m）；

d_w 为地下水位深度（m），按 0.0 m 考虑；

ρ_c 为黏粒含量百分率，当小于 3 或为砂土时，应采用 3；

β 为调整系数，设计地震第一组取 0.80，第二组取 0.95，第三组取 1.05。

对于存在液化土层的地基，应探明各液化土层的深度和厚度，可按照以下公式计算每个钻孔的液化指数：

$$I_{lE} = \sum \left(1 - N_i / N_{cri} \right) d_i W_i$$

式中，I_{lE} 为液化指数；

N_i、N_{cri} 分别为 i 点的标准贯入锤击数的实测值和临界值；

d_i 为 i 点所代表的土层厚度（m），可采用与该标准贯入试验点相邻的上下两标准贯入试验点深度差的一半，但上界不高于地下水位深度，下界不深于液化深度；

W_i 为 i 层单位土层厚度的层位影响权函数值（单位为 m^{-1}）。当该层中点深度不大于 5 m 时应采用 10，等于 20 m 时应采用零值，5～20 m 时应按线性内插法取值。

根据标准贯入试验结果，按照上述公式，对拟建场地 20.0 m 勘探深度内饱和粉土、粉砂进行地震液化判别，地下水位采用常年最高水位 0.00 m。具体判别内容见表 3-7。

液化判别结论：在抗震设防烈度为 7 度，设计基本地震加速度值为 0.10 g，设计地震分组为第三组的条件下，综合判定拟建场地在 20.0 m 深度范围内，不发生液化。

表 3-7 标准贯入试验液化判别

孔号	层号	土样名称	标贯中点深度 d_s（m）	实测标贯击数（击）	黏粒含量 ρ_c（%）	临界标贯击数（击）	液化判别	液化指数 I_{lE}	液化等级
CK201	1-1	粉砂	10.3	33	3	14.98	不液化		
	1-4	粉砂	11.8	35	3	15.80	不液化		
	1-6	粉砂	13.3	35	3	16.53	不液化		
	1-6	粉土	19.3	12	9.5	10.62	不液化		
CK202	2-1	粉砂	10.3	33	3	14.98	不液化		
	2-1	粉砂	11.8	34	3	15.80	不液化		
	2-3	粉砂	13.3	35	3	16.53	不液化		
	2-3	粉土	19.3	15	10.2	–	不液化		

3.3 室内试验

为获取准确的海底土体物理力学性质，为后期计算模型建立提供真实可靠的土体参数，开展了三轴不排水剪切试验（UU）、三轴排水剪切试验（CU）及单剪试验。现将部分成果展示如下。

3.3.1 三轴不排水剪切试验

3.3.1.1 CB20A 铁板砂层

将铁板砂 CB20A（0 ~ 3 m）分别在围压为 80 kPa、100 kPa 和 150 kPa 下等向固结，然后进行不排水剪切，得到应力路径（q-p'）、应力应变曲线（q-ε_a）、超孔压累积曲线（u_w-ε_a）。如图 3-11 ~ 3-13 所示。

（1）等向固结 CU 剪切，有效围压 80 kPa，结果见图 3-11。

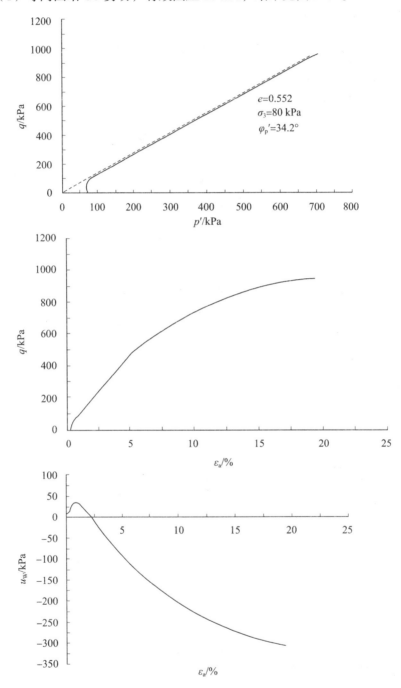

图 3-11　CB20A 铁板砂三轴不排水结果（围压 80 kPa）

（2）等向固结 CU 剪切，有效围压 100 kPa，结果见图 3-12。

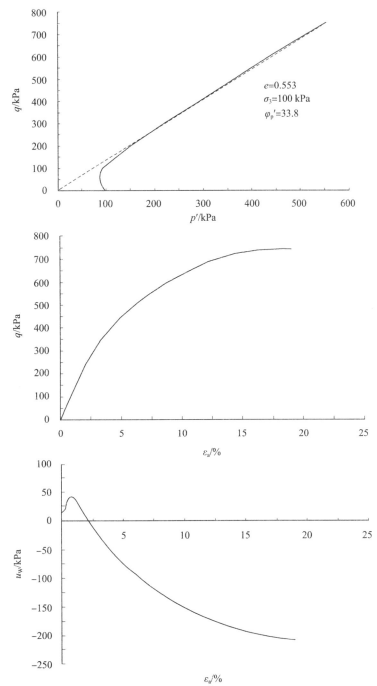

$$e=0.553$$
$$\sigma_3=100 \text{ kPa}$$
$$\varphi_p'=33.8$$

图 3-12　CB20A 铁板砂三轴不排水结果（围压 100 kPa）

（3）等向固结 CU 剪切，有效围压 150 kPa，结果见图 3-13。

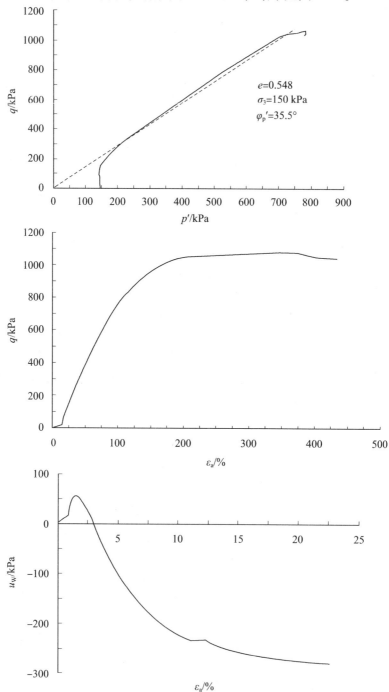

图 3-13 CB20A 铁板砂三轴不排水结果（围压 150 kPa）

在不同有效围压下进行三轴不排水试验，通过莫尔圆整理可得到 CB20A 的有效内摩擦角约为 34.2°。

3.3.1.2 CB4C 铁板砂层

将 CB4C 铁板砂（0 ~ 2 m）在围压分别为 80 kPa、100 kPa 和 150 kPa 下等向固结，然后进行三轴不排水剪切，所得结果如图 3-14 ~ 3-16 所示。

（1）等向固结 CU 剪切，有效围压 80 kPa，结果见图 3-14。

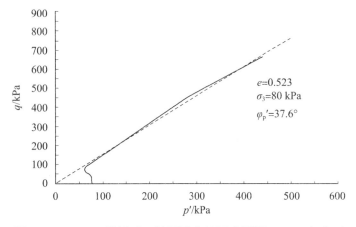

图 3-14　CB4C 铁板砂三轴不排水结果（围压 80 kPa）（1）

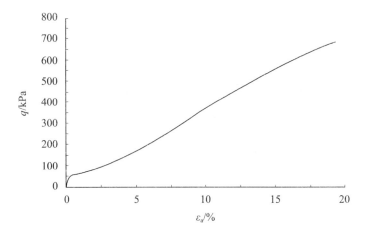

图 3-14　CB4C 铁板砂三轴不排水结果（围压 80 kPa）（2）

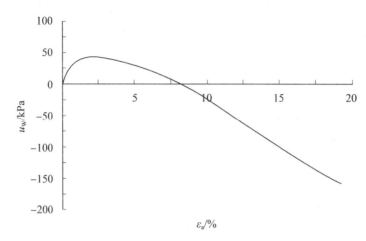

图 3-14　CB4C 铁板砂三轴不排水结果（围压 80 kPa）（3）

（2）等向固结 CU 剪切，有效围压 100 kPa，结果见图 3-15。

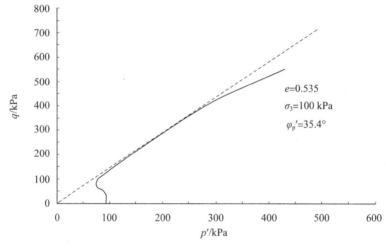

图 3-15　CB4C 铁板砂三轴不排水结果（围压 100 kPa）（1）

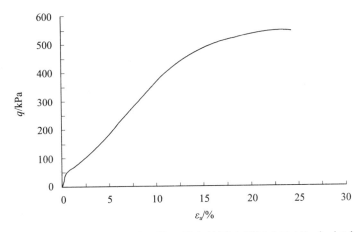

图 3-15　CB4C 铁板砂三轴不排水结果（围压 100 kPa）（2）

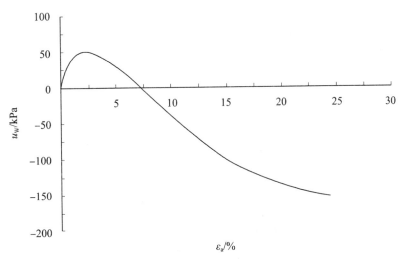

图 3-15　CB4C 铁板砂三轴不排水结果（围压 100 kPa）（3）

（3）等向固结 CU 剪切，有效围压 150 kPa，结果见图 3-16。

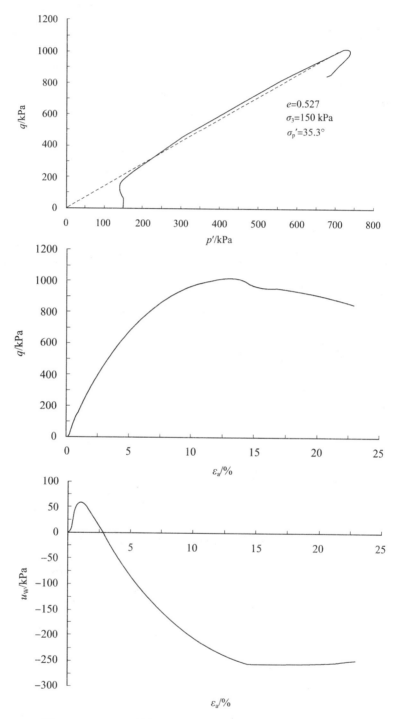

图 3-16　CB4C 铁板砂三轴不排水结果（围压 150 kPa）

在不同有效围压下固结进行不排水剪切试验，可以得到 CB4C 的有效内摩擦角约为 35.5°，与 CB20A 的 34.2° 接近，说明这两种铁板砂的强度性质没有较大差异。

3.3.1.3 CB4C 粉砂层

对 CB4C 粉砂层（8~12 m）分别在围压为 80 kPa、120 kPa 和 200 kPa 下等向固结，然后进行不排水剪切，所得结果如图 3-17~3-19 所示。

（1）等向固结 CU 剪切，有效围压 80 kPa，相对密实度 82.2%，结果见图 3-17。

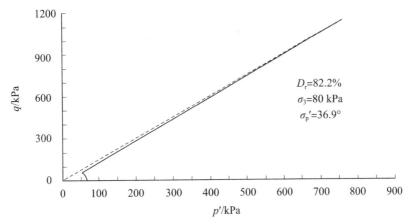

图 3-17 CB4C 粉砂三轴不排水结果（围压 80 kPa）（1）

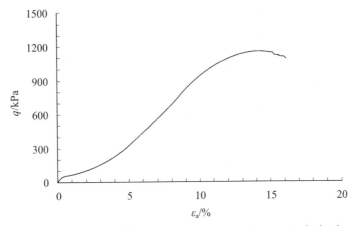

图 3-17 CB4C 粉砂三轴不排水结果（围压 80 kPa）（2）

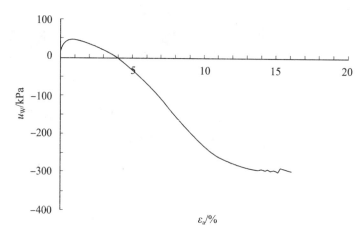

图 3-17　CB4C 粉砂三轴不排水结果（围压 80 kPa）（3）

（2）等向固结 CU 剪切，有效围压 120 kPa，相对密实度 83.4%，结果见图 3-18。

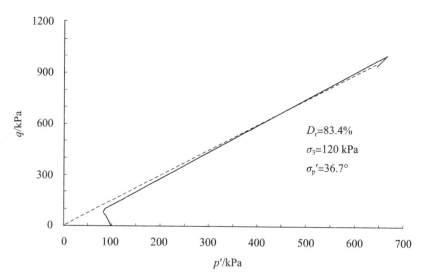

$D_r=83.4\%$

$\sigma_3=120\ kPa$

$\sigma_p'=36.7°$

图 3-18　CB4C 粉砂三轴不排水结果（围压 120 kPa）（1）

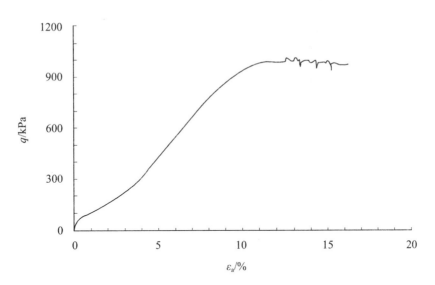

图 3-18 CB4C 粉砂三轴不排水结果（围压 120 kPa）（2）

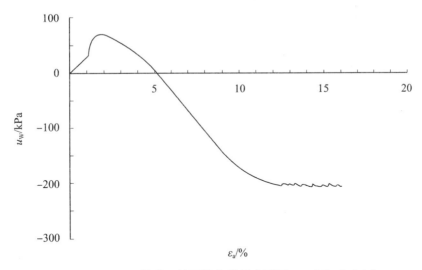

图 3-18 CB4C 粉砂三轴不排水结果（围压 120 kPa）（3）

（3）等向固结 CU 剪切，有效围压 200 kPa，相对密实度 83.5%，结果见图 3-19。

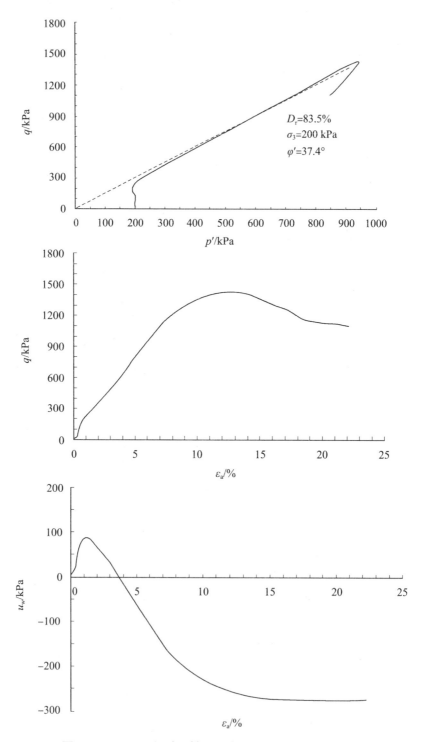

图 3-19　CB4C 粉砂三轴不排水结果（围压 200 kPa）

围压 80 kPa、120 kPa、200 kPa 下等向固结后的相对密实度分别为 82.2%、83.4%、83.5%，固结后的相对密实度接近，得到有效内摩擦角分别为 36.9°、36.7°、37.4°。

3.3.1.4　CB4C 黏土层

对 CB4C 黏土（12 ~ 14 m）试样分别在围压 140 kPa、160 kPa 下等向固结，然后进行不排水剪切，所得结果如图 3-20 和图 3-21 所示。两种围压下的不排水抗剪强度分别为 50 kPa 和 55 kPa。

（1）等向固结 CU 剪切，有效围压 140 kPa，结果见图 3-20。

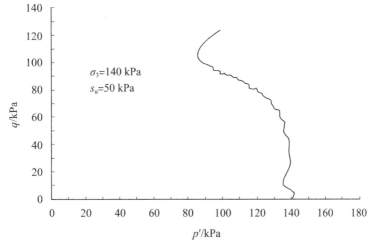

图 3-20　CB4C 黏土三轴不排水结果（围压 140 kPa）（1）

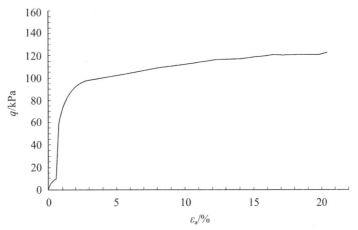

图 3-20　CB4C 黏土三轴不排水结果（围压 140 kPa）（2）

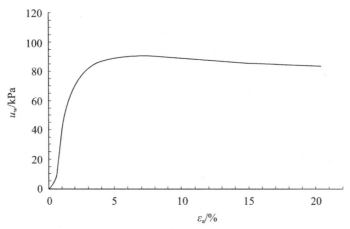

图 3-20 CB4C 黏土三轴不排水结果（围压 140 kPa）（3）

（2）等向固结 CU 剪切，有效围压 160 kPa，结果见图 3-21。

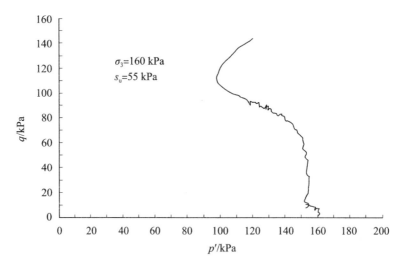

图 3-21 CB4C 黏土三轴不排水结果（围压 160 kPa）（1）

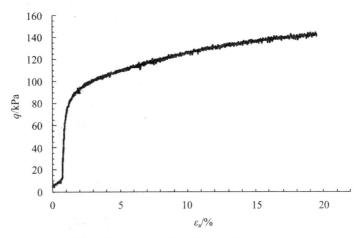

图 3-21　CB4C 黏土三轴不排水结果（围压 160 kPa）（2）

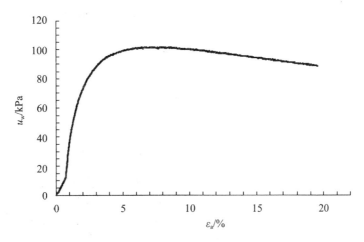

图 3-21　CB4C 黏土三轴不排水结果（围压 160 kPa）（3）

3.3.1.5　CB20A 黏土层

对 CB20A 黏土（3 ~ 4 m）试样分别在围压为 50 kPa 和 150 kPa 下等向固结，然后进行不排水剪切，所得结果如图 3-22 和图 3-23 所示。两种围压下的不排水抗剪强度分别为 28 kPa 和 48 kPa。

（1）等向固结 CU 剪切，有效围压 50 kPa，结果见图 3-22。

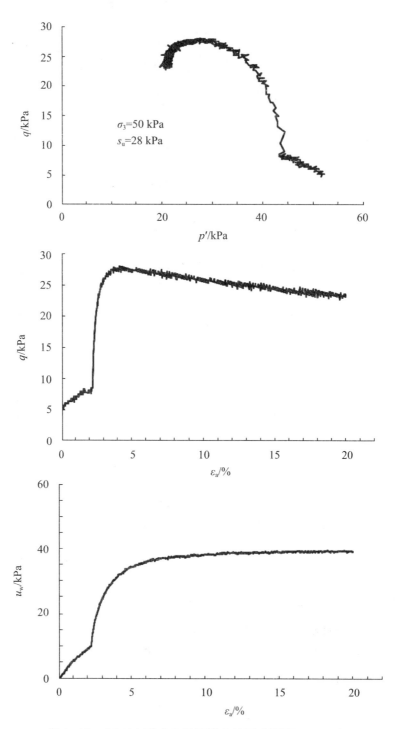

图 3-22　CB20A 黏土三轴不排水结果（围压 50 kPa）

（2）等向固结 CU 剪切，有效围压 150 kPa，结果见图 3-23。

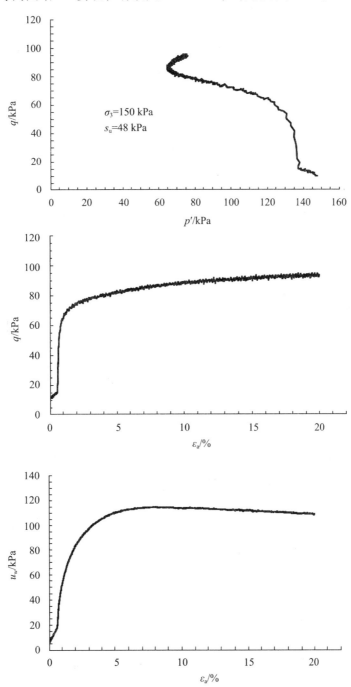

图 3-23　CB20A 黏土三轴不排水结果（围压 150 kPa）

3.3.2 三轴排水剪切试验

3.3.2.1 CB20A 铁板砂层

将 CB20A 铁板砂（0～3 m）试样在 100 kPa 围压下等向固结，然后进行排水剪切，得到应力路径（q-p'）、应力应变（q-ε_a）曲线、体应变—轴向应变（ε_v-ε_a）曲线如图 3-24 所示。可以求得该铁板砂的峰值内摩擦角为 37.4°，临界内摩擦角为 33°。

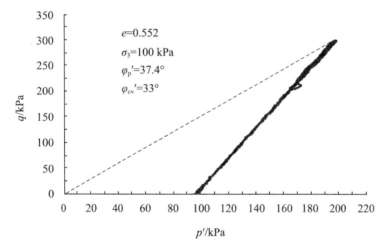

图 3-24　CB20A 铁板砂三轴排水结果（1）

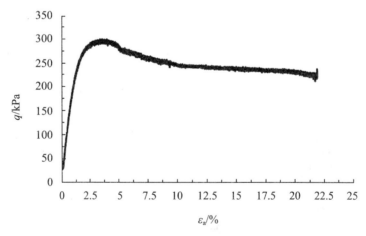

图 3-24　CB20A 铁板砂三轴排水结果（2）

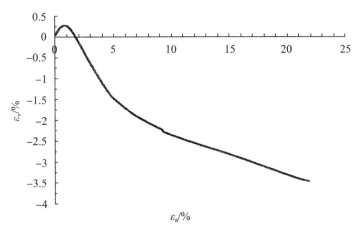

图 3-24　CB20A 铁板砂三轴排水结果（3）

3.3.2.2　CB4C 粉砂层

将粉砂 CB4C 粉砂层（8 ～ 12 m）试样在 120 kPa 围压下等向固结，固结后的相对密实度为 84.2%。排水剪切结果如图 3-25 所示。可以求得其峰值内摩擦角为 38.9°，临界内摩擦角为 32°。

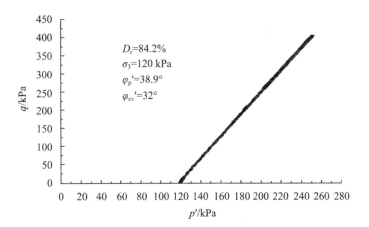

图 3-25　CB4C 粉砂三轴排水结果（1）

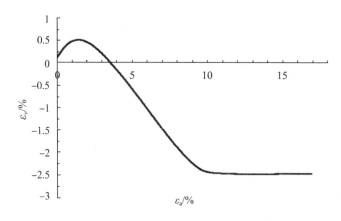

图 3-25 CB4C 粉砂三轴排水结果（2）

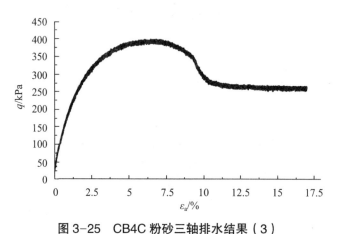

图 3-25 CB4C 粉砂三轴排水结果（3）

3.3.3 单剪试验

3.3.3.1 CB20A 铁板砂层

将 CB20A 铁板砂（0～3 m）分别在 100 kPa 和 150 kPa 竖向压力下固结，然后保持试样体积不变水平剪切，得到其在平面应变状态下的不排水内摩擦角分别约为 35.6° 和 34.1°，与三轴不排水试验的内摩擦角 34.2° 结果一致。试验得到有效应力路径（τ–σ'_v）和超孔压累积曲线（u_w–γ）如图 3-26 和 3-27 所示。

（1）恒体积剪切，初始竖向压力 100 kPa，结果见图 3-26。

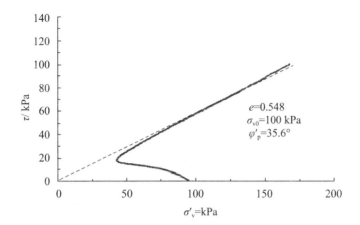

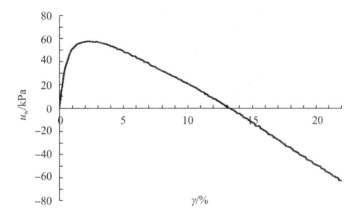

图 3-26　CB20A 铁板砂单剪试验结果（初始竖向压力 100 kPa）

（2）恒体积剪切，初始竖向压力 150 kPa，结果见图 3-27。

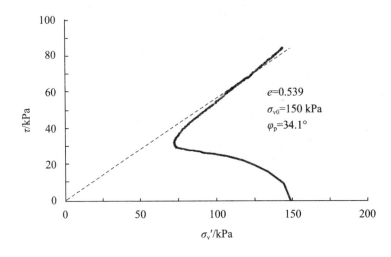

e=0.539
σ_{v0}=150 kPa
φ_p=34.1°

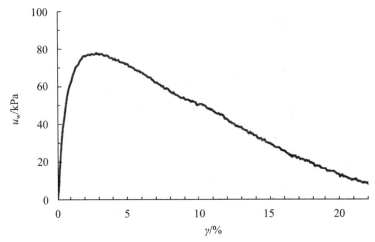

图 3-27　CB20A 铁板砂单剪试验结果（初始竖向压力 150 kPa）

3.3.3.2　CB20A 黏土层

将 CB20A 黏土（4 ~ 7 m）试样分别在 50 kPa 和 100 kPa 竖向压力下进行固结，然后保持试样体积不变水平剪切。所得结果见图 3-28 和 3-29。可以看出，该层土强度很低，仅有几千帕，采用室内试验手段测量误差较大。

（1）恒体积剪切，初始竖向压力 50 kPa，结果见图 3-28。

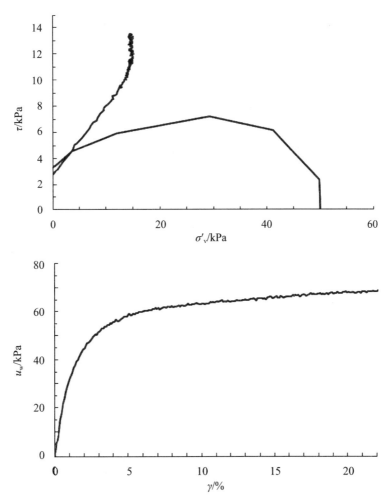

图 3-28　CB20A 黏土单剪试验结果（初始竖向压力 50 kPa）

（2）恒体积剪切，初始竖向压力 100 kPa，结果见图 3-29。

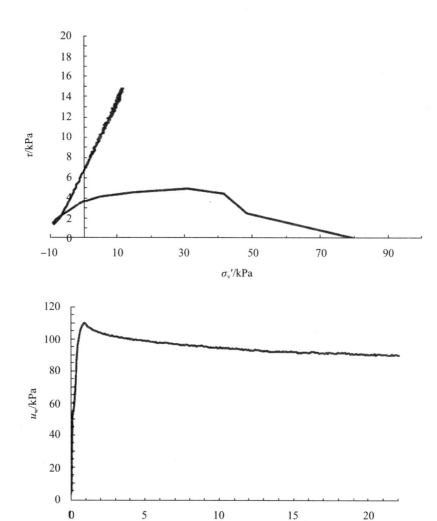

图 3-29　CB20A 黏土单剪试验结果（初始竖向压力 100 kPa）

3.3.3.3　CB4C 粉砂层

将 CB4C 粉砂层（8 ～ 12 m）试样在 120 kPa 竖向压力下进行固结，然后保持试样体积不变进行剪切，所得结果如图 3-30 所示。可以得到其在平面应变状态下的不排水内摩擦角约为 35.9°，与三轴不排水试验的内摩擦角 36.9° 结果一致。

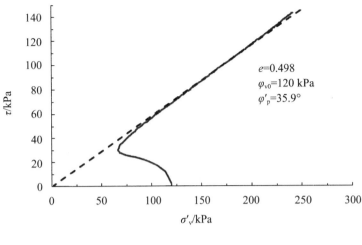

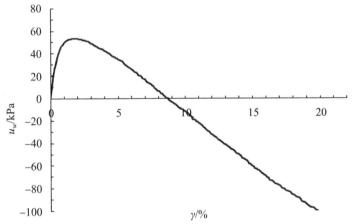

图 3-30 CB4C 粉砂单剪试验结果

3.3.3.4 CB4C 黏土层

将 CB4C 黏土（12 ~ 14 m）试样在 120 kPa 竖向压力下进行固结，然后保持试样体积不变水平剪切，所得结果如图 3-31 所示，可得到其在平面应变状态下的不排水抗剪强度约为 33 kPa。

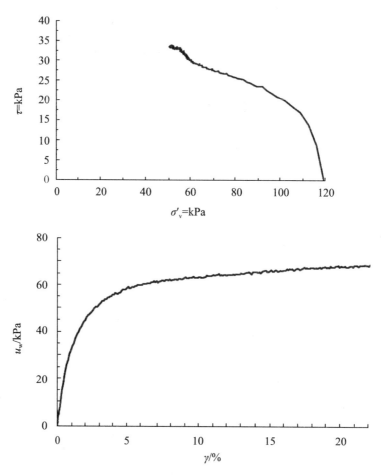

图 3-31   CB4C 黏土单剪试验结果

4 现场静力触探测试

按照研究计划，在完成历史数据资料的收集的基础上，根据前期收集海洋地层数据情况，针对埕岛油区数据缺失的区域和特殊土层，开展现场静力触探测试，为后续平台插桩计算模型建立提供准确的原位测试数据。

共布置静力触探测试点 5 处，每处 2 个测试点，深度均为 20 m，静力触探测试方法采用船舶搭载海洋静力触探系统（Roson 100）进行。最终获取测试点处土层的锥尖阻力、侧摩阻力、孔隙水压力等数据，用于获取土体不排水抗剪强度指标。部分测试结果如图 4-1、图 4-2，表 4-1 至表 4-4 所示。

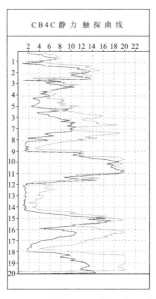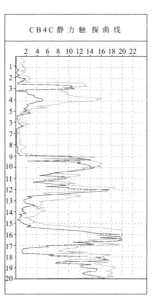

图 4-1　CB4C 井场静力触探测试成果曲线

表 4-1　CB4C 井场 CK201 处海底土层参数表

层号	土质名称	深度（m）		水下重度（kN/m³）	不排水抗剪强度 C_u（kPa）	内摩擦角 Φ（°）	承载力系数	
		自	至				N_r	N_q
1-1	粉土	0	4.0	11.10		32	23.2	30.2
1-2	粉质黏土	4.0	5.1	10.91	60			
1-3	粉土	5.1	7.6	11.20		31	20.6	26.0
1-4	粉质黏土	7.6	9.0	9.72	36			
1-5	粉砂	9.0	11.9	11.20		33	26.1	35.2
1-6	粉质黏土	11.9	14.4	9.36	30			
1-7	粉土	14.4	17.0	11.20		31	20.6	26.0
1-8	粉质黏土	17.0	18.0	10.41	50			
1-9	粉土	18.0	20.0	11.20		32	23.2	30.2

表 4-2　CB4C 井场 CK202 处海底土层参数表

层号	土质名称	深度（m）		水下重度（kN/m³）	不排水抗剪强度 C_u（kPa）	内摩擦角 Φ（°）	承载力系数	
		自	至				N_r	N_q
2-1	粉质黏土	0	1.9	6.88	10			
2-2	粉土	1.9	3.0	9.68		27	13.2	14.5
2-3	粉质黏土	3.0	5.2	10.43	65			
2-4	淤泥质粉质黏土	5.2	8.9	6.85	8			
2-5	粉砂	8.9	12.4	11.20		32	23.2	30.2
2-6	粉质黏土	12.4	15.5	9.65	32			
2-7	粉土	15.5	17.1	11.20		32	23.2	30.2
2-8	黏土	17.1	17.8	9.43	36			
2-9	粉砂	17.8	20.0	11.20		33	26.1	35.2

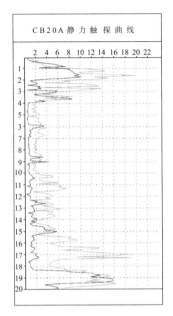

图 4-2 CB20A 井场静力触探测试成果曲线

表 4-3 CB20A 井场海底土层参数表（1）

层号	土质名称	深度（m）		水下重度（kN/m³）	不排水抗强 C_u（kPa）	内摩擦角 Φ（°）	承载力系数	
		自	至				N_r	N_q
1-1	粉土	0	1.3	10.13		29	19.3	16.4
1-2	粉土	1.3	6	10.9		32	30.2	23.2
1-3	粉质黏土	6	11.1	7.97	20			
1-4	粉质黏土	11.1	15	8.4	25			
1-5	粉土	15	15.8	9.46		27	14.5	13.2
1-6	黏土	15.8	18.9	8.84	30			
1-7	粉土	18.9	20	11.2		32	30.2	23.2

表 4-4 CB20A 井场海底土层参数表（2）

层号	土质名称	深度（m）		水下重度（kN/m³）	不排水抗剪强度 C_u（kPa）	内摩擦角 Φ（°）	承载力系数	
		自	至				N_r	N_q
2-1	粉土	0	2	10.51		30	22.4	18.4
2-2	粉土	2	4	10.29		29	19.3	16.4
2-3	粉质黏土	4	9.8	8.31	23			
2-4	粉质黏土	9.8	14.4	9.04	30			
2-5	粉土	14.4	15.3	10.76		30	22.4	18.4
2-6	黏土	15.3	18.3	9.31	40			
2-7	粉土	18.3	20	11.2		33	35.2	26.1
2-8	黏土	17.1	17.8	9.43	36			
2-9	粉砂	17.8	20.0	11.20		33	26.1	35.2

5 传统方法插桩计算

在以往自升式移动平台插桩计算时，一般使用在 API RP 2A（1993）中推荐的关于浅基础和桩基础的计算方法，主要包含基础承载力分析、桩腿刺穿分析、评价其相对刺穿安全系数。

5.1 基础承载力分析

5.1.1 桩腿式基础承载力分析

当移动式钻井装置升船时，其桩脚插入海底面以下土中，直到土的极限承载力等于或大于桩脚对土所施加的压力为止。本项目的研究目的之一是算出钻井装置桩脚的入泥深度，使钻井平台操作者能够确定在本位置上钻井装置桩腿是否有足够长度来支撑钻井平台安全作业。其二是验算由穿透一硬土层进入下卧软土层引起的单桩突然贯入的可能性。

当施加的荷载等于或大于基础土的极限承载力时桩腿就发生贯入。极限承载力（Q）在粒状土及黏性土里。对于末端封闭的圆管桩，其在给定的某一深度的承载力（Q）等于桩壁的总表面摩擦力（Q_s）与桩端部承载力（Q_p）的总和。表达式如下：

$$Q = Q_s + Q_p = F \times A_s + q \times A_p$$

式中，A_s——桩腿入泥深度范围的侧表面积；

A_p——桩端面积；

f——单位表面摩擦力；

q——单位桩腿端部承压力。

计算单位表面摩擦力（f）和单位桩腿端部承载力（q）的方法在下列各段落中说明：

单位表面摩擦力（f）：对于黏性土，假设 f 值等于重塑土的抗剪强度；粒状土中的 f 值用下列公式计算：

$$f = K \times P' \times \tan\delta \leqslant f_{max}$$

式中，K——横向土压力系数；

P——平均有效上覆土压力；

δ——土和桩腿侧面之间的摩擦角；

f_{max}——限制值，在较深的贯入深度时应用。

式中的 K 值一般取 1.0。桩土间摩擦角 δ，对于硅质粒状土，API RP 2A 中有推荐值。同时，API RP 2A 中亦讨论了极限单位表面摩擦力（f_{max}）的取值问题。

单位桩腿端部承压力（q）：对于末端封闭型的圆形桩腿，一般使用下列公式计算：

$$q = q_n + P_0$$

式中，q_n——桩腿端部静的单位极限承压力；

P_0——桩腿端部位置的有效上覆土压力。

q_n 值的计算方法如下：

a）对于不排水的黏性土质：

$$q_n = S_u \times N_c \leqslant q_{max} = 9S_u$$

式中，S_u——基础底面以下 $B/2$ 深度内的平均不排水抗剪强度；

N_c——不排水黏性土的无量纲承载力系数，$= 6 \times (1 + 0.2 \times 0/B) \leqslant 9$；

q_{max}——q_n 的限制值，在较深的深度时使用；

D——桩腿入泥深度；

B——桩腿直径。

b）对于排水粒状土质：

$$q_n = 0.3\gamma BN_\gamma + P_0 \times (N_q - 1) \leqslant q_{max}$$

式中，γ ——基础面以下地基土的平均有效密度；

N_γ，N_q ——排水粒状土的无量纲承载力系数，据内摩擦角而定。

5.1.2 桩靴式基础承载力分析

当施加的基础荷载等于或大于土的极限承载力时桩脚贯入就会发生，近似于圆形或者方形基础的极限承载力（Q），用下式计算：

$$Q = q_n \times A + \gamma_1 \times V$$

式中，A ——桩脚的最大平面积；

γ_1 ——由桩脚排出土的平均有效密度；

V ——桩脚排出土的体积。

钻井装置桩脚穿过土层后所形成的孔隙，假设是由回填土充满的。

5.2 刺穿分析

前面承载力分析是假设土层全部为粒状土或全部为黏性土的极限承载力的计算方法。然而，当一硬黏土层或粒状土层之下潜伏着一层黏土层时，硬层和软弱下卧层之间承载力不同，可能会存在桩脚潜在的刺穿危险。对于这种类型的土层结构必须进行刺穿分析。

在实际分析中通常采用 YOUNG 和 FOCHT 的 3∶1 荷载扩展分析法，这种方法假定施加在硬土层上的基础荷载被扩展通过硬层，在软弱层在顶面产生一假设的等效基础。通过硬层的扩展比例 1∶3（水平方面∶垂直方面），如果施加在等效基础上的压力超过下层土的承载力，刺穿将会产生。因此刺穿的安全性主要取决于上覆硬层的厚度。刺穿分析中承载力 q_n 的表达式为

$$q_n = 6S_u\ (1 + 0.2D'/B')\ A_P'\ /A_P \leqslant q'_n\ (硬层)$$

式中，A_P' 为等效基础面积，$A_P' = A_P\ (1 + 2H/3B)^2\ (m^2)$；

B' 为等效基础直径，$B' = B + (2/3)\ H\ (m)$；

D' 为等效基础深度，$D' = D + H\ (m)$；

A 为实际基础面积（m^2）；

H 为实际基础面之下硬土层的厚度（m）；

B 为实际基础直径（m）；

D 为实际基础深度（m）；

Q_n 为假设硬土层无限厚时的承载力（kPa）。

5.3 相对刺穿安全系数

当我们的分析指出刺穿会发生时，我们用刺穿的安全系数来评价钻井船或平台的适应性。通常不知道由静荷载、可变荷载或风暴荷载所引起的最大桩腿设计荷载。然而，用预压载的方法进行试验是非常重要的。假定设计的预压载等于最大设计桩腿荷载，那么安全系数为

$$F_S = \frac{\text{在硬土层中计算出的最大承载力}}{\text{预计的最大桩腿荷载}} \geqslant 1.5$$

当式 F_S 大于或等于 1.5 时，本井位是可以适应钻井船或平台插桩的。当式 F_S 小于 1.5 但大于 1.2 时，只要最小计算安全系数等于或大于 1.2，本井位仍然适合插桩。即

$$F_S = \frac{\text{在软下卧层中计算出的最小承载力}}{\text{预计的最大桩腿荷载}} \geqslant 1.2$$

当评价在预定井位的适合性时，可采用上述的判断标准。但适合性最后评价应根据施加的预压载而不是我们计算的承载力，施加预压载能提供实测的承载力并且可以去掉分析过程中的不合理因素，根据实测的承载力确定的安全系数是

$$F_S = \frac{\text{施加的最大预压荷载}}{\text{预计的最大桩腿荷载}} \geqslant 1.2$$

如上面提到的，预压载往往被假设与最大设计桩腿荷载相同，对这种情形来讲，F_S（实测）仅为 1.0，然而，从设计角度考虑，通常认为 F_S（实测）大于 1.0，最大大于 1.1。一般情况是增加施加的预压载或重新评价设计时所假设的风暴条件，得到上述的 F_S（实测）值。

5.4 桩基分析结果

在海上施工浅钻时，土芯受到取土方法和运输过程中扰动的影响，土芯

周边均受到了不同程度的破坏。因此，对实验室土工测试所获得的抗剪强度必须进行具体分析而加以取舍，以使计算的承载力数值较为接近实际情况。以 CB11K 井组为例，地基土单桩极限承载力计算中所采用的参数见表 3-5、表 3-6，各平台桩基础极限承载力计算结果见表 5-1 ~ 5-4。

表 5-1　各平台在 CK201（桩穴内，左舷处）处桩基础极限承载力计算成果表（1）

土层	平台名称			作业 4 号（新）	作业 5 号	作业 6	作业 7	作业 新一	作业 新三
土层编号	土层名称	埋深（m）	厚度（m）	单桩轴向极限承载力（kN）					
1-1	淤泥质粉质黏土	0.0	9.4	2178	2916	5168	2916	2916	2916
		9.4		2752	3601	6192	3551	3706	3706
1-2	粉砂	9.4	4.2	43643	58977	106594	58289	60040	60040
		13.6		67681	91115	163428	90389	92241	92241
1-3	粉质黏土	13.6	4.4	12604	16749	29372	16661	16917	16917
		18.0		12827	17009	29715	16884	17239	17239
1-4	粉土	18.0	2.0	80297	107873	192681	107201	108921	108921
		20.0		90391	121365	216534	120675	122443	122443

表 5-2　各平台在 CK201（桩穴内，左舷处）处桩基础极限承载力计算成果表（2）

土层	平台名称			中油海 6、7、8 号	中油海 61 号	中油海 62 号	胜利 8 号	胜利 9 号
土层编号	土层名称	埋深（m）	厚度（m）	单桩轴向极限承载力（kN）				
1-1	淤泥质粉质黏土	0.0	9.4	7560	2916	7803	7862	5324
		9.4		8874	3601	9160	9164	6241
1-2	粉砂	9.4	4.2	156580	58977	159905	161470	107062
		13.6		239581	91115	245516	247741	165512
1-3	粉质黏土	13.6	4.4	42642	16749	43956	44233	30016
		18.0		43008	17009	44277	44565	30267
1-4	粉土	18.0	2.0	282120	107873	289612	292122	195927
		20.0		316948	121365	325533	328320	220453

表 5-3　各平台在 CK202（桩穴外）处桩基础极限承载力计算成果表（1）

土层		平台名称		作业 4 号（新）	作业 5 号	作业 6	作业 7	作业 新一	作业 新三
土层 编号	土层 名称	埋深 （m）	厚度 （m）	单桩轴向极限承载力（kN）					
2-1	淤泥质粉 质黏土	0.0	9.8	2178	2916	5168	2916	2916	2916
		9.8		2737	3583	6162	3533	3687	3687
2-2	粉砂	9.8	4.2	43224	58417	105603	57729	59478	59478
		14.0		67262	90555	162437	89829	91680	91680
2-3	粉质黏土	14.0	4.1	12589	16731	29342	16643	16898	16898
		18.1		12799	16975	29663	16852	17199	17199
2-4	粉土	18.1	1.9	73552	98301	173791	98178	98525	98525
		20.0		73552	98301	173791	98178	98525	98525

表 5-4　各平台在 CK202（桩穴外）处桩基础极限承载力计算成果表（2）

土层		平台名称		中油海 6、7、8 号	中油海 61 号	中油海 62 号	胜利 8 号	胜利 9 号
土层 编号	土层 名称	埋深 （m）	厚度 （m）	单桩轴向极限承载力（kN）				
2-1	淤泥质粉 质黏土	0.0	3.0	7560	2916	7803	7862	5324
		3.0		8831	3583	9111	9119	6210
2-2	粉砂	3.0	6.1	155131	58417	158406	159963	106042
		9.1		238132	90555	244017	246235	164491
2-3	粉质黏土	9.1	5.4	42599	16731	43907	44188	29986
		14.5		42942	16975	44208	44499	30221
2-4	粉土	14.5	0.9	253787	98301	261830	263778	178716
		15.4		253787	98301	261830	263778	178716

根据地基土承载力变化曲线（图 5-1 ~ 5-12），结合地基土的工程地质特征，及刺穿可能性，给出各平台的推荐插桩深度见表 5-5。

表 5-5 各平台桩推荐插桩深度

平台名称	插桩位置	桩靴入土深度（m）	插桩安全系数	刺穿安全系数	推荐插桩深度（m）
作业 4 号平台	桩穴内，左舷	9.4	>1.2	>1.2	9.4
	桩穴外	9.8	>1.2	>1.2	9.8
作业 5 号平台	桩穴内，左舷	9.4	>1.2	>1.2	9.4
	桩穴外	9.8	>1.2	>1.2	9.8
作业 6 平台	桩穴内，左舷	9.4	>1.2	>1.2	9.4
	桩穴外	9.8	>1.2	>1.2	9.8
作业 7 平台	桩穴内，左舷	9.4	>1.2	>1.2	9.4
	桩穴外	9.8	>1.2	>1.2	9.8
作业新一	桩穴内，左舷	9.4	>1.2	>1.2	9.4
	桩穴外	9.8	>1.2	>1.2	9.8
作业新三	桩穴内，左舷	9.4	>1.2	>1.2	9.4
	桩穴外	9.8	>1.2	>1.2	9.8
中油海 6、7、8 号	桩穴内，左舷	9.4	>1.2	>1.2	9.4
	桩穴外	9.8	>1.2	>1.2	9.8
中油海 61 号	桩穴内，左舷	9.4	>1.2	>1.2	9.4
	桩穴外	9.8	>1.2	>1.2	9.8
中油海 62 号	桩穴内，左舷	9.4	>1.2	>1.2	9.4
	桩穴外	9.8	>1.2	>1.2	9.8
胜利 8 号	桩穴内，左舷	9.4	>1.2	>1.2	9.4
	桩穴外	9.8	>1.2	>1.2	9.8
胜利 9 号	桩穴内，左舷	9.4	>1.2	>1.2	9.4
	桩穴外	9.8	>1.2	>1.2	9.8

5.5 结论与建议

5.5.1 结论

通过在 CB11K 井组附近由业主指定位置进行工程地质钻探、数据分析等工作，并假设场区内土层分布、海底地形状况与勘探点处相同，得到以下结论，供参考。

① 作业 4 号平台在 CB11K 井位就位时，在 CK201（桩穴内，左舷）处插桩至第 1-2 层粉砂 9.4 m 时，插桩安全性满足要求。

在CK202（桩穴外）处插桩至第2-2层粉砂9.8 m时，插桩安全性满足要求。

② 作业5号平台在CB11K井位就位时，在CK201（桩穴内，左艉）处插桩至第1-2层粉砂9.4 m时，插桩安全性满足要求。

在CK202（桩穴外）处插桩至第2-2层粉砂9.8 m时，插桩安全性满足要求。

③ 作业6平台在CB11K井位就位时，在CK201（桩穴内，左艉）处插桩至第1-2层粉砂9.4 m时，插桩安全性满足要求。

在CK202（桩穴外）处插桩至第2-2层粉砂9.8 m时，插桩安全性满足要求。

④ 作业7平台在CB11K井位就位时，在CK201（桩穴内，左艉）处插桩至第1-2层粉砂9.4 m时，插桩安全性满足要求。

在CK202（桩穴外）处插桩至第2-2层粉砂9.8 m时，插桩安全性满足要求。

⑤ 作业新一平台在CB11K井位就位时，在CK201（桩穴内，左艉）处插桩至第1-2层粉砂9.4 m时，插桩安全性满足要求。

在CK202（桩穴外）处插桩至第2-2层粉砂9.8 m时，插桩安全性满足要求。

⑥ 作业新三平台在CB11K井位就位时，在CK201（桩穴内，左艉）处插桩至第1-2层粉砂9.4 m时，插桩安全性满足要求。

在CK202（桩穴外）处插桩至第2-2层粉砂9.8 m时，插桩安全性满足要求。

⑦ 中油海6、7、8号平台在CB11K井位就位时，在CK201（桩穴内，左艉）处插桩至第1-2层粉砂9.4 m时，插桩安全性满足要求。

在CK202（桩穴外）处插桩至第2-2层粉砂9.8 m时，插桩安全性满足要求。

⑧ 中油海61号平台在CB11K井位就位时，在CK201（桩穴内，左艉）处插桩至第1-2层粉砂9.4 m时，插桩安全性满足要求。

在CK202（桩穴外）处插桩至第2-2层粉砂9.8 m时，插桩安全性满足要求。

⑨ 中油海62号平台在CB11K井位就位时，在CK201（桩穴内，左艉）处插桩至第1-2层粉砂9.4 m时，插桩安全性满足要求。

在CK202（桩穴外）处插桩至第2-2层粉砂9.8 m时，插桩安全性满足要求。

⑩ 中油海63号平台在CB11K井位就位时，在CK201（桩穴内，左艉）处插桩至第1-4层粉土18 m时，插桩安全性满足要求。插桩过程中，9.4～13.6 m段存在密实砂土，承载力较高，有刺穿风险，插桩施工时采用冲桩等手段刺穿

此层。

在CK202（桩穴外）处插桩，至第2-4层粉土18.1 m时，插桩安全性满足要求。插桩过程中，9.8 ~ 14.0 m段存在密实砂土，承载力较高，有刺穿风险，插桩施工时采用冲桩等手段刺穿此层。

⑪ 胜利8号平台在CB11K井位就位时，在CK201（桩穴内，左艉）处插桩至第1-2层粉砂9.4 m时，插桩安全性满足要求。

在CK202（桩穴外）处插桩至第2-2层粉砂9.8 m时，插桩安全性满足要求。

⑫ 胜利9号平台在CB11K井位就位时，在CK201（桩穴内，左艉）处插桩至第1-2层粉砂9.4 m时，插桩安全性满足要求。

在CK202（桩穴外）处插桩至第2-2层粉砂9.8 m时，插桩安全性满足要求。

5.5.2 建议

① 受前期插拔桩、抛砂等人工因素扰动影响，各桩腿处地层可能存在差异，不同桩穴内地层也不尽相同，平台就位时应考虑不同桩腿位置处地层差异的影响，防止出现安全事故。

② 施工时遇到异常状况及时反馈，各方协同解决，施工后及时反馈插桩过程动态监测资料。

③ 平台各桩腿插桩位置应按照设计方案里提供的各桩腿坐标进行；平台就位后，实测平台桩腿位置坐标，便于掌握该井场地层因插拔桩引起地层工程特性的变化，为后续插桩计算积累基础资料。

5.6　附图

图 5-1 ~ 5-12 为各作业平台单桩极限承载力。

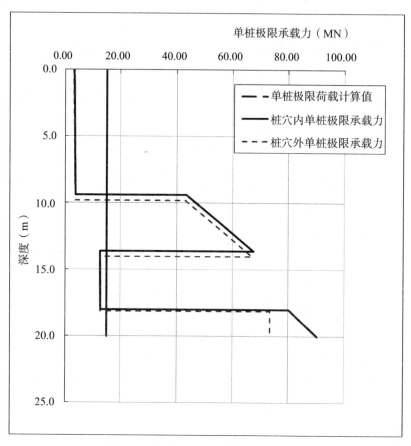

图 5-1　作业 4 平台单桩极限承载力

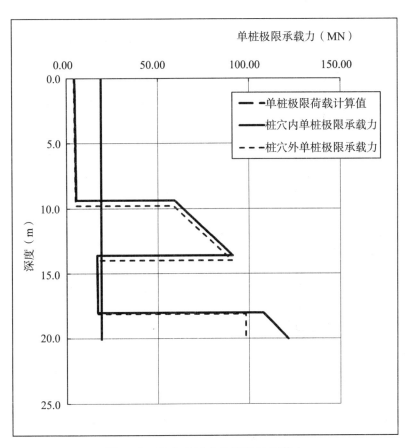

图 5-2 作业 5 平台单桩极限承载力

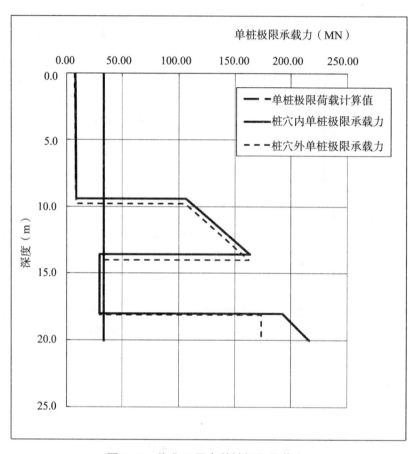

图 5-3　作业 6 平台单桩极限承载力

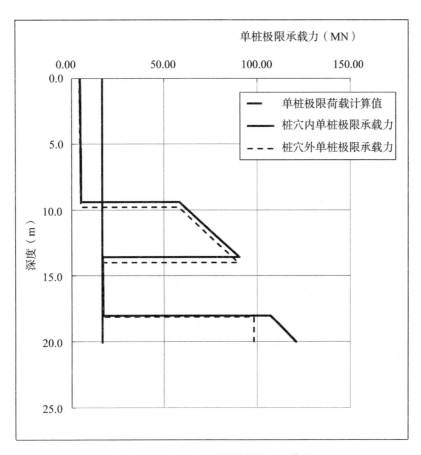

图 5-4　作业 7 平台单桩极限承载力

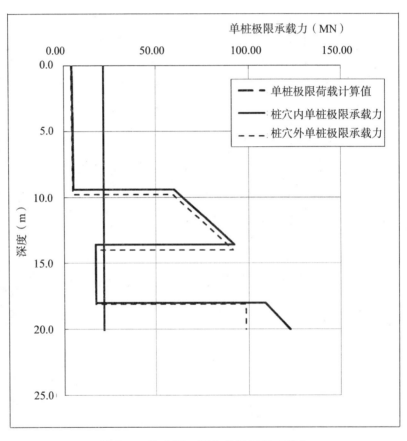

图 5-5 作业新一平台单桩极限承载力

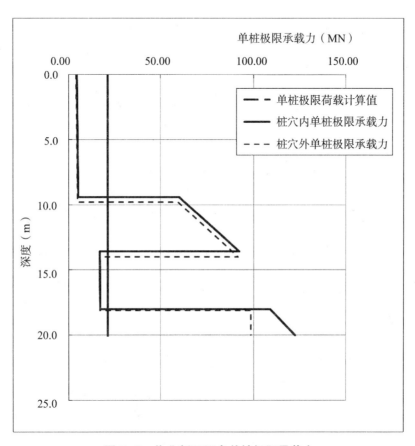

图 5-6 作业新三平台单桩极限承载力

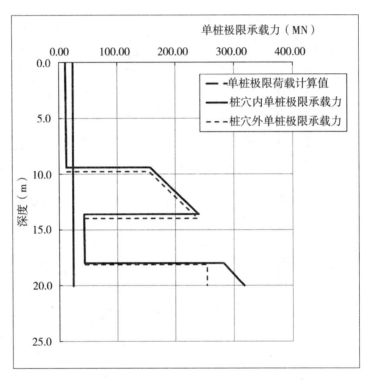

图 5-7　中油海 6、7、8 号平台单桩极限承载力

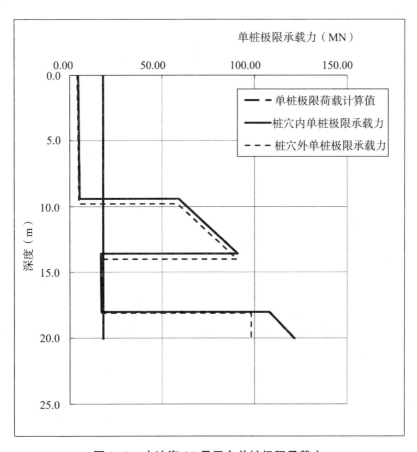

图 5-8 中油海 61 号平台单桩极限承载力

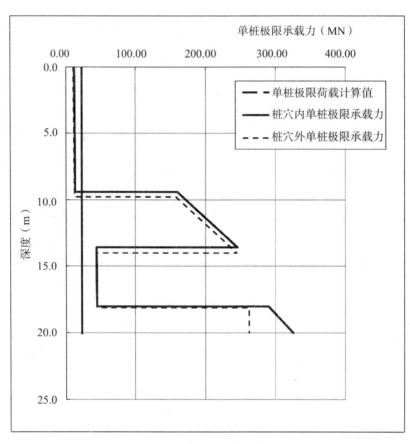

图 5-9 中油海 62 号平台单桩极限承载力

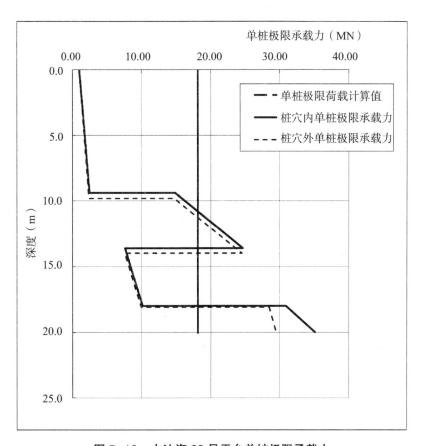

图 5-10　中油海 63 号平台单桩极限承载力

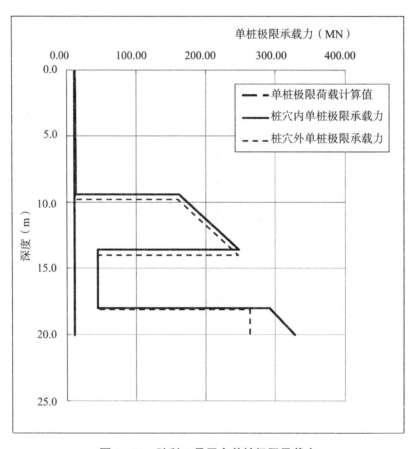

图 5-11 胜利 8 号平台单桩极限承载力

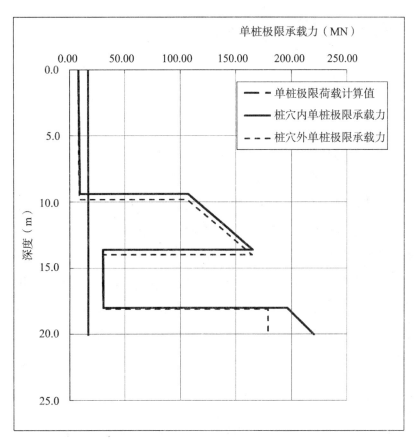

图 5-12　胜利 9 号平台单桩极限承载力

6 离心机模型试验

离心机模型试验是利用离心机提供的离心力模拟重力，按相似准则，将海上自升式移动平台桩靴原型的几何形状按比例缩小，用相同或近似物理性状的海底土体制成模型，使其在离心力场中的应力状态与原型在重力场中一致，以研究海上移动平台桩靴在土体中贯入过程和土体破坏机理。

本书研究试验使用大连理工大学 $450\ g\cdot t$ 鼓式离心机（图 6-1），共完成了 10 组（编号为 S1–S10）。试验土层条件为"砂—黏"双层土，其中 S1 与 S2 试验为"石英砂 – 黏土"双层土，S3–S10 试验为"铁板砂—黏土"双层土。获取了桩靴贯入过程中土体的破坏机理，针对铁板砂的计算模型以及桩靴贯入过程中形成土塞的高度。

6.1 试验设计

根据委托方提供的技术资料，确定桩靴直径的原型尺寸为 6 m，砂土层厚度为 1.5 m 与 3 m。试验时将缩尺桩靴模型放置于离心机中，借助离心机高速旋转的加速度增加模型所受的重力，从而补偿模型因尺寸缩小而导致的自重损失。桩靴模型如图 5-1 所示。离心机加速度为 $150\ g$，根据离心试验的相似原理，确定表 5-1 中的试验参数。下伏黏土层的厚度需要大于 $2D$（D 为桩靴直径），以模拟无限厚度的黏土层，避免模型箱边界效应的影响。

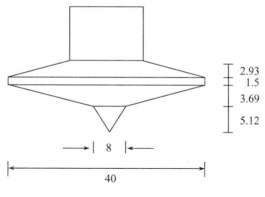

图 6-1 桩靴模型尺寸（mm）

表 6-1 离心机试验计划（模型尺寸）

编号	砂土类型	硬土层厚度 H_s（mm）	相对密度或密度（g/cm³）	黏土类型	黏土层厚度（mm）	黏土层固结应力（kPa）	贯入速度（mm/s）
S1	标准砂	10	80%	淤泥质黏土	80	80	1.5
S2	标准砂	20	50%	淤泥质黏土	80	80	1
S3	铁板砂	10	1.82	淤泥质黏土	80	80	1.5
S4	铁板砂	20	1.82	淤泥质黏土	75	80	1.5
S5	铁板砂	10	1.82	粉质黏土	85	80	1.5
S6	铁板砂	20	1.82	粉质黏土	85	80	1.5
S7	铁板砂	20	1.82	淤泥质黏土	90	60	3
S8	铁板砂	20	1.82	淤泥质黏土	90	60	5
S9	铁板砂	20	1.82	粉质黏土	95	60	3
S10	铁板砂	20	1.82	粉质黏土	95	60	5

6.2 试验流程

6.2.1 土层制备

根据上覆土层的材料不同，离心机试验开始前的准备工作也略有不同。

（1）S1 和 S2 两组试验的上覆土层为石英砂，参照 Hossain 等建议的制样步骤进行操作：首先将黏土按两倍液限含水率配制成泥浆，充分搅拌重塑均匀后，将其装入模型箱箱中，按照拟定的固结压力分级加载（图 6-2）。完成固结后，进行微型 T-bar 贯入试验获得黏土层的不排水抗剪强度。随后根据拟定的相对密实度，采取砂雨法洒砂制备标准砂。其中 S1 试验相对密实度为 80%，砂雨法装置与土面的初始落距为 90.5 cm；S2 试验相对密实度为 50%，砂雨法装置与土面的初始落距为 65 m。利用模型箱侧壁的预留空洞，向模型箱内缓慢通水，对土样进行 12 个小时的水头饱和，随后进行离心试验。

（2）S3-S10 八组试验的上覆土层为铁板砂，国内外没有相关试验。铁板砂实际为粉土，颗粒极细，无法通过砂雨法制样。铁板砂的结构性很强，由于现场取样扰动，初始结构性已经被破坏，试验中通过击实土样制备铁板砂层，以图再现铁板砂的结构性。根据图 6-3 所示的铁板砂的击实曲线，选定干密度为 1.82 g/cm³，以干密度衡量铁板砂的密实程度。由于在黏土层上方击实制作铁板砂层会严重扰动下卧黏土，试验中只能先将铁板砂预

图 6-2 固结黏土泥浆

先击实至预设高度，放置于模型箱底部（图 6-4），随后将黏土泥浆覆盖在铁板砂上，将铁板砂作为黏土固结的底部排水边界，进行分级加载。在量测出黏土层强度后，将模型箱上下翻转安放于离心机中，使得铁板砂位于模型箱顶部，黏土层位于模型箱底部。

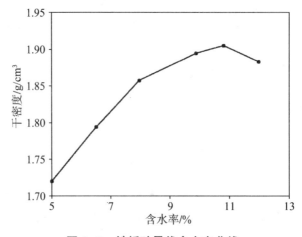

图 6-3 铁板砂最优含水率曲线

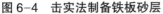

图 6-4　击实法制备铁板砂层　　图 6-5　T-bar 测试重塑黏土的不排水抗剪强度

　　微型 T-bar 贯入仪（图 6-5）是一种全流式的静力触探设备，与 CPT 相比，其计算得到的不排水强度更准确，因为其得到的贯入阻力—强度关系有严格的理论解，当假定探头后部的土体完全回流时，承载力系数 N_T 为 10.5。T-bar 试验中采用的贯入速率为 1 mm/s，以保证不排水条件。试验中下伏黏土层的最大固结应力为 60 kPa 或 80 kPa，在离心机中上覆硬土层仅有 1.5 m 或 3 m，其自重远小于该固结应力。因此下伏黏土层为典型的超固结土层，因此在 1 g 条件与在离心力下进行 T-bar 贯入测试得到的不排水抗剪强度差别很小。由于固结后的黏土层强度较高，在 T-bar 贯入过程中，在探头后部形成空洞，未完全形成回流，相应的承载力系数会减小，若继续采用前述 $N_T=10.5$ 换算不排水强度，将造成土体强度的低估。因此采用 White 等[6] 提出的修正公式，对 T-bar 试验结果进行修正。

6.2.2　离心机试验

　　在检查离心机油路、电路、操作系统可以正常工作后，首先将离心机加速度逐级加到预设的 150 g，维持转速 10 分钟，然后控制加载系统将桩靴模型以速率 v 贯入土中。以无量纲参数 $V=vD/c_v$ 衡量土层的排水条件：贯入淤泥质黏土层时的无量纲参数 V 在 118 ～ 588 之间；贯入粉质黏土层的无量纲参数 V 在 750 ～ 2 500 之间；在铁板砂中的无量纲参数 V 在 15 ～ 50 之间。根据

Randolph 和 Gourvenec 的结论，当 $V > 15$ 时，土层接近不排水条件，即淤泥质黏土或粉质黏土层中桩靴的贯入速率足够快，接近不排水。贯入过程中保证桩靴尖端与模型箱底面距离大于 $1D$，避免边界条件的影响。当桩靴达到指定埋深后，采用相同的速率拔出桩靴。

6.2.3 后续工作

待试验完成后，再次量测砂层的厚度（图 6-6）、含水率等物理指标，以复核试验计划中的相应指标。量测桩靴下部土塞的高度。最后将模型箱内的土样回收，准备进行下一组试验。

图 6-6 试验后复核量测砂层厚度

6.3 试验研究成果

6.3.1 S1 试验

试验 S1 土层模型高度共 90 mm。其中，石英砂层高度为 10 mm（原型 1.5 m），相对密实度为 80%；淤泥质黏土层高度为 80 mm（原型为 12 m）。上部石英砂层厚度与桩靴直径之比（H_s/D）为 0.25；黏土层固结压力为 80 kPa。两次 T-bar 测试结果如图 6-7（a）所示。本试验由于黏土层厚度过大，若直接使用会急剧增加离心机的负荷，故切去表层 40 mm（原型 6 m）的黏土后再进行的砂雨法制作标准砂层。剩余黏土的不排水强度随深度的变化呈一略微倾斜的直线，将其简化为均质黏土，不排水强度取为 24.5 kPa。

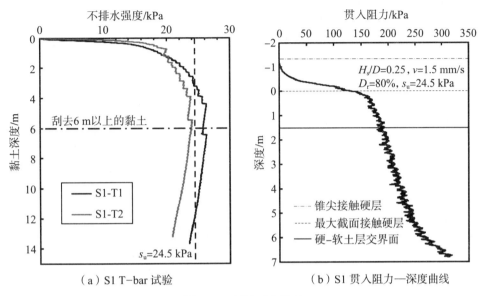

（a）S1 T-bar 试验　　　　　（b）S1 贯入阻力—深度曲线

图 6-7　试验 S1 结果

离心试验贯入速率为 1.5 mm/s，贯入时石英砂层为排水条件，黏土层为不排水条件，结果如图 6-7（b）所示。由于石英砂层高度小，下部的黏土层强度被较早激发，未出现明显的峰值贯入阻力。当桩靴最大直径进入黏土层后，贯入阻力近似成线性增长，未出现穿刺破坏现象。

6.3.2　S2 试验

土层模型高度共为 100 mm。其中石英砂层高度为 20 mm（原型 3 m），相对密实度为 50%；淤泥质黏土层高度为 80 mm（原型为 12 m），H_s/D=0.5。两次 T-bar 测试结果如图 6-8（a）所示。同 S1 试验类似，由于黏土层厚度过大，切去黏土表层 30 mm（原型 4.5 m）后再按照砂雨法制作标准砂层。剩余黏土体的不排水抗剪强度取为 22.5 kPa。

离心试验贯入速率为 1 mm/s，贯入时石英砂层为排水条件，黏土层为不排水条件，结果如图 6-8（b）所示。由于石英砂层厚度较大，在桩靴的最大截面处进入砂层 0.37 m（原型深度）时出现了峰值贯入阻力 229 kPa，峰值贯入阻力出现深度与石英砂层厚度之比为 d_{peak}/H_s=0.12，Teh 等人的计算模型也假定 d_{peak}=0.12 H_s。随后桩靴基础出现了近 3.9 m（0.65D）的桩腿快速下穿。穿刺结束后，贯入阻力近似线性增长。

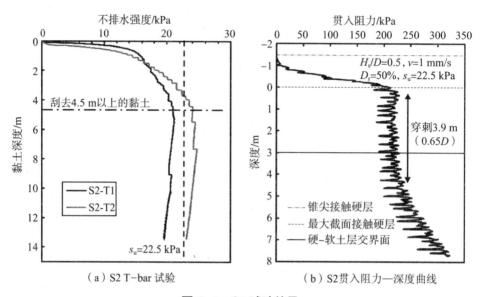

（a）S2 T-bar 试验　　　　　　　　（b）S2贯入阻力—深度曲线

图 6-8　S2 试验结果

6.3.3　S3 试验

　　土层模型高度为 90 mm。其中铁板砂层高度为 10 mm（原型 1.5 m），根据铁板砂的最大干密度为 1.82 g/cm³，以击实方法控制铁板砂层的孔隙比为 0.48；淤泥质黏土层高度为 80 mm（原型为 12 m），H_s/D=0.25。试样固结完成后进行两次 T-bar 测试，如前所述，T-bar 测试是在翻转模型箱前得到的，为了直观的显示贯入深度处的土层强度，图 6-9（a）将获得的 T-bar 试验结果进行了翻转。由于贯入试验不能贯穿整个土层测试，而需要在底部预留一定厚度的土样，避免边界效应，故无法直接获得黏土层全部深度处的不排水抗剪强度，但通过曲线可以发现，铁板砂以下 7.5 m（1.25D）处的土层强度随深度近似为直线变化，故认为土层仍然是均质土。黏土的不排水抗剪强度取 20 kPa。

　　离心试验贯入速率为 1.5 mm/s，贯入时铁板砂层、黏土层均为不排水条件，结果如图 6-9（b）所示。由于铁板砂层高度较小，桩靴在贯入过程中，迅速激发了下部黏土层的强度。故没有出现显著的峰值贯入阻力，无穿刺现象出现。

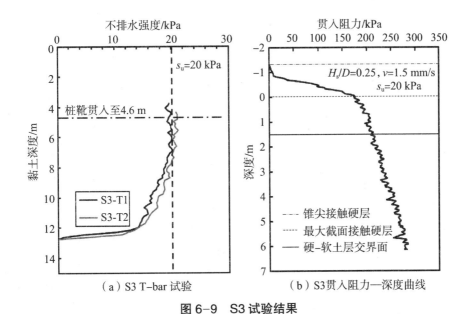

（a）S3 T-bar 试验　　　　　　（b）S3 贯入阻力—深度曲线

图 6-9　S3 试验结果

6.3.4　S4 试验

土层模型高度共为 95 mm。其中铁板砂层高度为 20 mm（原型 3 m），根据铁板砂的最大干密度为 1.82 g/cm³，以击实方法控制铁板砂层的孔隙比为 0.48；淤泥质黏土层高度为 75 mm（原型为 11.25 m），H_s/D=0.5。两次 T-bar 测试结果如图 6-10（a）所示。图示的抗剪强度—深度曲线也由于反装试样导致贯入深度处黏土不排水抗剪强未能量测，但根据曲线，可认为铁板砂以下 6 m（1D）处的土是均质土层，黏土的不排水抗剪强度可取 32 kPa。

离心机试验贯入速率为 1.5 mm/s，贯入时铁板砂层、黏土层均为不排水条件，结果如图 6-10（b）所示。由于下伏黏土层的不排水抗剪强度较高，使得桩靴下部的土塞迅速受到较大的端部承载力，故峰值贯入阻力较大。在 0.56 m 处达到了 530 kPa，峰值贯入阻力出现深度与铁板砂层厚度之比（d_{peak}/H_s=0.19）。出现了穿刺现象，未能观测到穿刺的完整深度。由于硬软土层的强度差异较小，桩靴受到的贯入阻力几乎未改变。

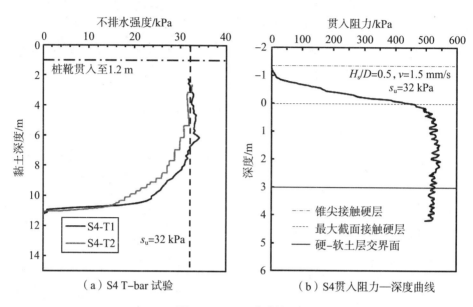

（a）S4 T-bar 试验　　　　　（b）S4贯入阻力—深度曲线

图 6-10　S4 试验结果

6.3.5　S5 试验

土层模型高度共为 95 mm。其中铁板砂层高度为 10 mm（原型 1.5 m），根据铁板砂的最大干密度为 1.82 g/cm³，以击实方法控制铁板砂层的孔隙比为 0.48；淤泥质黏土层高度为 85 mm（原型为 12.75 m），H_s/D=0.25。两次 T-bar 测试结果如图 6-11（a）所示。根据曲线，认为铁板砂以下 6.7 m（3.1D）处的土层是均质土层，黏土的不排水抗剪强度取 18 kPa。

离心机试验贯入速率为 1.5 mm/s，贯入时铁板砂层、黏土层均为不排水条件，结果如图 6-11（b）所示。桩靴最大直径刚接触铁板砂层（0.1 m）即出现峰值贯入阻力为 172 kPa，峰值贯入阻力出现深度与铁板砂层厚度之比（d_{peak}/H_s=0.07）。穿刺距离为 1.5 m（0.25D）。与 S3 相比，下伏黏土层的不排水抗剪强度较低，尽管铁板砂层厚度一致，但本组试验 S5 仍然出现了小距离穿刺现象。

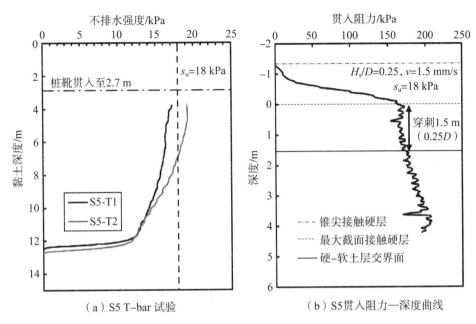

（a）S5 T-bar 试验   （b）S5 贯入阻力—深度曲线

图 6-11 S5 试验结果

6.3.6 S6 试验

土层模型高度共为 100 mm。其中铁板砂层高度为 20 mm（原型 3 m），根据铁板砂的最大干密度为 1.82 g/cm³，以击实方法控制铁板砂层的孔隙比为 0.48；淤泥质黏土层高度为 80 mm（原型为 12 m），$H_s/D=0.5$。两次 T-bar 测试结果如图 6-12（a）所示。根据已有曲线，认为铁板砂以下 6 m（1D）处的土层是均质土层，黏土的不排水抗剪强度取 15.5 kPa。

离心机试验贯入速率为 1.5 mm/s，贯入时铁板砂层、黏土层均为不排水条件，结果如图 6-12（b）所示。由于铁板砂层厚较大，故出现了显著的穿刺现象。在 0.3 m 处出现了峰值贯入阻力为 287 kPa，峰值贯入阻力出现深度与铁板砂层厚度之比（$d_{peak}/H_s=0.1$），未观察到完整的穿刺深度。

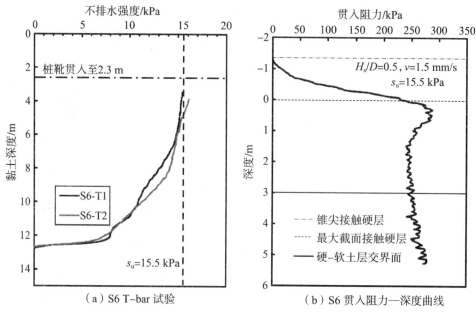

（a）S6 T-bar 试验　　　　　（b）S6 贯入阻力—深度曲线

图 6-12　S6 试验结果

6.3.7　S7 试验

土层模型高度共为 110 mm。其中铁板砂层高度为 20 mm（原型 3 m），根据铁板砂的最大干密度为 1.82 g/cm³，以击实方法控制铁板砂层的孔隙比为 0.48；淤泥质黏土层高度为 90 mm（原型为 13.5 m），H_s/D=0.5。两次 T-bar 测试结果如图 6-13（a）所示。根据曲线，可认为铁板砂以下 9 m（1.5D）处的土层是均质土层，黏土的不排水抗剪强度取 12 kPa。

离心机试验贯入速率为 3 mm/s，贯入时铁板砂层、黏土层均为不排水条件，结果如图 6-13（b）所示。由于铁板砂层厚度较大且下伏黏土层强度较小，故出现了显著的穿刺现象。0.37 m 处出现了峰值贯入阻力为 267 kPa，峰值贯入阻力出现深度与铁板砂层厚度之比（d_{peak}/H_s=0.12），未观测到穿刺的完整深度。

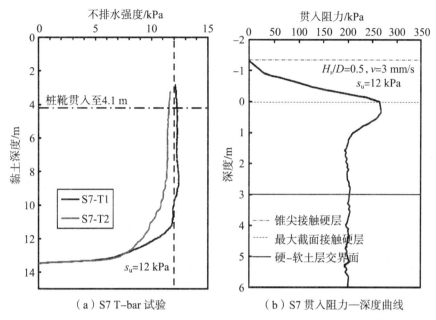

（a）S7 T-bar 试验　　　　　（b）S7 贯入阻力—深度曲线

图 6-13　S7 试验结果

6.3.8　S8 试验

土层模型高度共为 110 mm。其中铁板砂层高度为 20 mm（原型 3 m），根据铁板砂的最大干密度为 1.82 g/cm³，以击实方法控制铁板砂层的孔隙比为 0.48；淤泥质黏土层高度为 90 mm（原型为 13.5 m），$H_s/D=0.5$。两次 T-bar 测试结果如图 6-14（a）所示。根据曲线，可认为铁板砂以下 9 m（1.5D）处的土层是均质土层，黏土的不排水抗剪强度取 15 kPa。

离心机试验贯入速率为 5 mm/s，贯入时铁板砂层、黏土层均为不排水条件，结果如图 6-14（b）所示。由于铁板砂层厚度较大且下伏黏土层强度较小，故出现了显著的穿刺现象。0.58 m 处出现了峰值贯入阻力为 289 kPa，峰值贯入阻力出现深度与铁板砂层厚度之比（$d_{peak}/H_s=0.19$）。穿刺距离为 9.1 m（1.5 倍桩靴直径）。

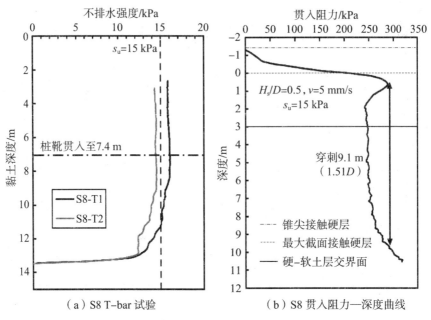

（a）S8 T-bar 试验　　　　（b）S8 贯入阻力—深度曲线

图 6-14　S8 试验结果

6.3.9　S9 试验

土层模型高度共为 115 mm。其中铁板砂层高度为 20 mm（原型 3 m），根据铁板砂的最大干密度为 1.82 g/cm³，以击实方法控制铁板砂层的孔隙比为 0.48；淤泥质黏土层高度为 95 mm（原型为 14.25 m），H_s/D=0.5。两次 T-bar 试验结果如图 6-15（a）所示。根据曲线，可认为铁板砂以下 9.75 m（1.6D）处的土层是均质土层，黏土的不排水抗剪强度取 15.5 kPa。

离心机试验贯入速率为 3 mm/s，贯入时铁板砂层、黏土层均为不排水条件，结果如图 6-15（b）所示。在 0.52 m 处出现了峰值贯入阻力 326 kPa，峰值贯入阻力出现深度与铁板砂层厚度之比（d_{peak}/H_s=0.17）。未观测到完整穿刺深度。

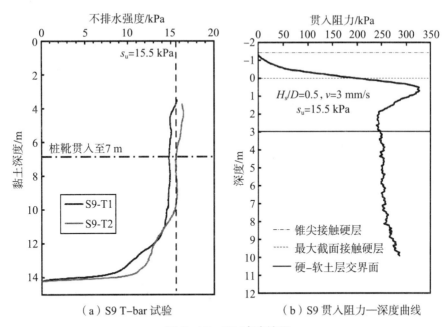

（a）S9 T-bar 试验　　　　　（b）S9 贯入阻力—深度曲线

图 6-15　S9 试验结果

6.3.10　S10 试验

土层模型高度共为 115 mm。其中铁板砂层高度为 20 mm（原型 3 m），根据铁板砂的最大干密度为 1.82 g/cm³，以击实方法控制铁板砂层的孔隙比为 0.48；淤泥质黏土层高度为 95 mm（原型为 14.25 m），$H_s/D=0.5$。两次 T-bar 测试结果如图 6-16（a）所示。根据曲线，认为铁板砂以下 9 m（1.5D）处的土层是均质土层，黏土的不排水抗剪强度取 15.5 kPa。

离心机试验贯入速率为 5 mm/s，贯入时铁板砂层、黏土层均为不排水条件，结果如图 6-16（b）所示。在 0.4 m 处即出现了峰值贯入阻力 267 kPa，峰值贯入阻力出现深度与铁板砂层厚度之比（$d_{peak}/H_s=0.13$）。已知穿刺深度为 7.5 m（1.25D），未观测到穿刺的完整深度。

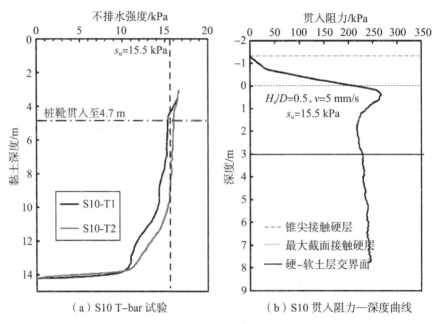

（a）S10 T-bar 试验　　　　（b）S10 贯入阻力—深度曲线

图 6-16　S10 试验结果

6.4　试验结果总结

将上述试验结果总结于表 6-2。峰值贯入阻力（q_{peak}）在 172 ~ 530 kPa 之间，峰值贯入阻力深度与硬层厚度之比（d_{peak}/H_s）在 0.10 ~ 0.19 之间。此前 Teh 等、Lee 等、Hu 等提出"石英砂 - 黏土"双层中，桩靴安装的改进 q_{peak} 公式，均假定峰值贯入阻力 q_{peak} 出现的贯入深度 $d_{peak}=0.12H_s$。已有的报道显示，自升式平台桩靴的承载力一般在 200 ~ 600 kPa 之间，与表 6-2 获得的峰值贯入阻力吻合。

表 6-2 　试验参数总结

编号	硬层厚度 H_s（m）	硬层相对密实度或干密度 D_r / ρ_d（g/cm³）	软土不排水强度 s_u（kPa）	贯入速度 v（mm/s）	峰值贯入阻力 q_{peak}（kPa）	峰值贯入阻力深度与硬层厚度之比 d_{peak} / H_s
S1	1.5	80%	24.5	1.5	/	/
S2	3	50%	22.5	1	229	0.12
S3	1.5	1.82	20	1.5	/	/
S4	3	1.82	31	1.5	530	0.19
S5	1.5	1.82	18	1.5	172	/
S6	3	1.82	15.5	1.5	287	0.10
S7	3	1.82	12	3	267	0.12
S8	3	1.82	15	5	288	0.19
S9	3	1.82	15.5	3	326	0.17
S10	3	1.82	15.5	5	267	0.13

6.5 　结果分析

6.5.1 　桩靴下部土塞的高度

图 6-17（a）为 S2 "标准砂 - 黏土层" 试验后桩靴下的砂塞的高度，砂塞的高度约为 $0.9H_s$，这一现象与已有的离心机观察到的现象一致。图 6-17（b）（c）为 "铁板砂 - 黏土层" 试验后桩靴下的土塞高度，图 6-17（b）为 1.5 m

（a）"石英砂 - 黏土" 试验土塞高度　　（b）"铁板砂 - 黏土" 试验土塞高度（H_s/D=0.25）　　（c）"铁板砂 - 黏土" 试验土塞高度（H_s/D=0.5）

图 6-17 　桩靴贯入完成后土塞高度

铁板砂层造成的土塞。图 6-17（c）为 3 m 铁板砂层造成的土塞。由于下伏黏土较软，导致切土时对土塞造成了扰动，使其发生了松动。但仍可以看出，铁板砂中的塞高度与砂土层厚度基本一致（为 $0.9 H_s \sim 1.0 H_s$）。

6.5.2　下卧软土层强度对承载力的影响

图 6-18（a）（b）分别为上覆硬土层厚度与桩靴直径之比 $H_s/D=0.25$ 与 $H_s/D=0.5$ 时的贯入阻力深度曲线，结果表明，在其他条件不变的情况下，下卧软土层的强度越高，提供的承载力越高。若下卧软土层的强度较高且上覆硬土层厚度较大时，桩靴可能发生长距离穿刺，如 S4。如果下卧软土层强度与上覆硬土层差异较大时，桩靴贯入也会发生长距离穿刺，如 S6。因此当上覆土层的厚度较大时，需要准确地确定下卧软土层的强度，以评估穿刺的风险。

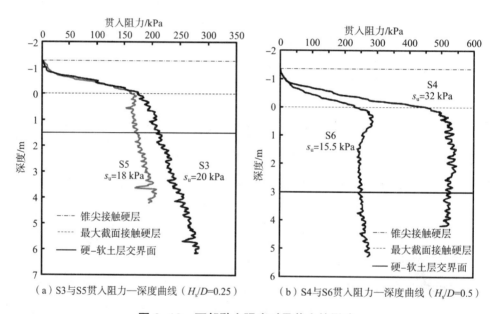

（a）S3 与 S5 贯入阻力—深度曲线（H_s/D=0.25）　　（b）S4 与 S6 贯入阻力—深度曲线（H_s/D=0.5）

图 6-18　下部黏土强度对承载力的影响

6.5.3　上覆硬层厚度对承载力的影响

图 6-19（a）（b）分别展示了上覆硬土层厚度与桩靴直径之比 H_s/D 为 0.25 与 0.5 时的试验结果，结果表明该因素对穿刺事件发生与否有影响显著影响，当 H_s/D=0.25 时，均未发生显著的穿刺现象，仅 S5 试验出现了 1.5 m（0.25D）

的小型穿刺事件，其原因为 S5 下卧黏土层强度仅为 18 kPa。当 H_s/D=0.5 时，由于上下土层强度差异较大，总会发生穿刺事故。

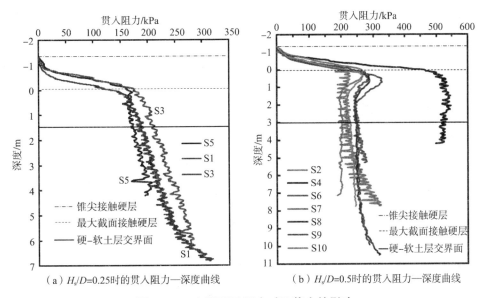

（a）H_s/D=0.25 时的贯入阻力—深度曲线　　（b）H_s/D=0.5 时的贯入阻力—深度曲线

图 6-19　上覆硬层厚度对承载力的影响

6.5.4　贯入速率结果的对比

铁板砂实际为粉土，一般认为桩靴贯入使其部分排水。通过改变贯入速率，可以探究铁板砂的排水条件。由表 6-2 可知，S6 ~ S10 试验仅有贯入速率发生了显著的改变。图 6-20（a）展示了 S6 ~ S8 试验的贯入阻力—深度曲线，可以看出三种贯入速率并未对试验结果产生显著的影响，S7 的峰值贯入阻力偏低 7% 的原因为其下卧黏土层的抗剪强度偏低，说明 1.5 mm/s、3 mm/s 和 5 mm/s（原型分别为 5.4 m/h、10.8 m/h 和 18 m/h）的速率都能保证铁板砂层中的贯入为近似不排水条件，且 5 mm/s 的速率没有引起显著的强度速率效应。

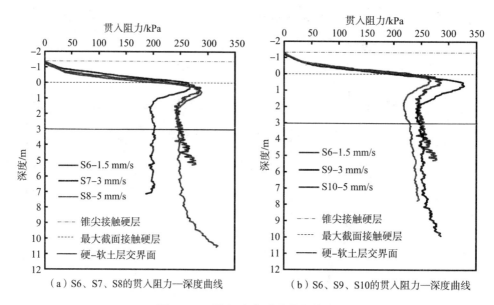

（a）S6、S7、S8的贯入阻力—深度曲线　　　（b）S6、S9、S10的贯入阻力—深度曲线

图 6-20　贯入速率对承载力的影响

6.6　小结

通过离心试验研究，可以得到如下结论。

① 对于研究的土体条件，H_s/D=0.5 时，均观察到穿刺现象；H_s/D=0.25 未发生穿刺。

② 当桩靴贯入速率较高时，铁板砂层接近不排水条件。可将铁板砂当作不排水条件下的硬黏土进行计算，建议采用 Zheng 等提出的公式进行预测。

③ 桩靴穿过铁板砂进入黏土后形成了桩靴下土塞，其高度与以往"石英砂－黏土"中桩靴贯入试验得到的砂塞高度接近。

7 大变形有限元数值模拟分析

采用商业软件 Abaqus 内嵌的耦合欧拉－拉格朗日（CEL）大变形有限元方法，模拟桩靴在"石英砂－黏土"和"铁板砂－黏土"两种土层中的贯入过程，并对贯入阻力曲线进行分析研究。首先模拟已开展的离心机试验，考察 CEL 方法模拟桩靴贯入的可行性，探索模拟"铁板砂－黏土"地层中桩靴峰值阻力的有效方法。基于离心机试验结果和数值模拟结果，对已建计算模型进行适用性分析和优化，最终实现对不同土层条件下桩靴贯入阻力的预测。

7.1 大变形有限元分析方法

桩靴的贯入过程伴随着土体的大幅值位移与变形，造成桩靴周围土体网格过度扭曲，因此无法采用传统的有限元方法对该过程进行模拟。大变形有限元方法在计算过程中调整或者更新网格的拓扑结构，可以有效解决网格畸变问题。解决目前桩靴的贯入问题，最常用的有限元方法为商业软件 Abaqus 中内嵌的耦合欧拉－拉格朗日（CEL）方法。CEL 方法采用欧拉和拉格朗日单元分别离散土体与桩靴，并利用"通用接触"算法模拟桩靴与土体之间的相互作用。此接触算法自动计算并追踪拉格朗日体与欧拉体之间的界面。一个欧拉单元可被多种材料占据，也可能只有部分空间被材料填充。分析过程中拉格朗日体占据的空间不允许欧拉材料进入。欧拉网格在计算过程中保持位置不变，土体的变形和位移通过欧拉单元中的材料流动来实现。

7.2 数值模型

建立图 7-1 所示的三维有限元数值模型。考虑到桩靴贯入问题的轴对称性，仅取 1/4 模型进行模拟，以提高计算效率。土体采用六面体欧拉单元（EC3D8R）进行离散，顶面设置"空单元"层，以容纳由于桩靴贯入造成的表面土体隆起。对桩靴贯入路径周围的网格进行加密，以确保数值模拟结果的精确性。加密区域的水平尺寸取 0.75D（D 为桩靴直径），加密区域单元大小为 0.025D。为避免边界效应对模拟结果的影响，土体水平尺寸取 5D，竖向尺寸的大小取决于桩靴在土层中的最终贯入深度（确保土体模型底面与桩靴最终贯入深度的距离 > 4D）。已有的研究表明，上述模型尺寸可以保证计算结果的精度。桩基础模拟为拉格朗日刚体，尺寸与离心机试验中所采用的桩靴尺寸相同，如图 7-2 所示。

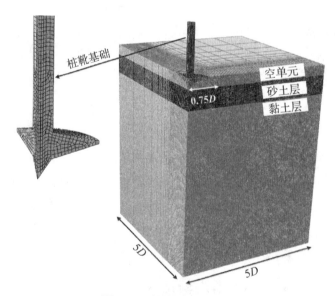

图 7-1　数值模型示意图

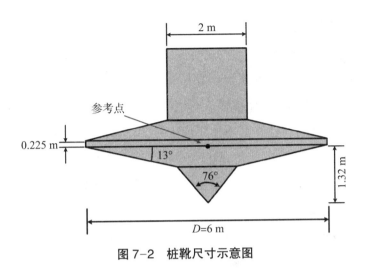

图 7-2　桩靴尺寸示意图

通过在桩靴参考点上施加竖向位移实现对贯入过程的模拟。考虑到计算效率和计算精度之间的平衡，贯入速率取 0.2 m/s。土体模型的边界条件为侧面施加水平向位移约束，底面施加竖向位移约束，对称面施加轴对称约束。"桩靴—土体"接触面遵循库伦摩擦定律，摩擦系数取值为 $\alpha\tan\varphi'_{crit}$，其中 $\alpha = 0.5$，其取值在 SNAME 规范所建议的范围内，并与现有大部分研究中所采用的 α 值相同；φ'_{crit} 为砂土的临界状态摩擦角，石英砂取典型值 $\varphi'_{crit} = 31°$，"铁板砂"根据已开展的三轴试验测得 $\varphi'_{crit} = 33°$。

7.3　本构模型

为模拟土体的力学响应，石英砂采用修正摩尔—库伦模型（MMC），黏土采用修正 Tresca 模型。根据委托方提供的钻孔地层资料，以及其所在区域现有地质调查资料可知，"铁板砂"在埕岛地区广泛发育，总体的工程力学强度较大，兼具砂性土和黏性土的力学性质。因此，模拟桩靴在"铁板砂—黏土"地层中的贯入过程时，分别把"铁板砂"等效为砂土和硬黏土。当"铁板砂"等效为砂土时，分别采用摩尔—库伦模型（MC）和修正摩尔—库伦模型（MMC）进行模拟。通过编写用户子程序对数值模型进行二次开发，在计算时纳入上述本构模型。以往研究表明，在 CEL 方法中纳入上述本构模型，可以较为真实准确地模拟桩靴在"石英砂－黏土"和"硬－软黏土"地层中的贯入阻力。

7.3.1 砂土：MMC 模型

MMC 模型假设砂土的摩擦角和剪胀角随等效塑性应变（ε^{ep}）的累积发生线性变化，如图 7-3 所示。摩擦角从初始值（φ'_{ini}）随等效塑性应变的累积增至峰值（φ'_p），随后线性降低至临界值（φ'_{crit}）。与峰值摩擦角和临界状态摩擦角对应的等效塑性应变阈值分别为 ε^{ep}_p 和 ε^{ep}_{crit}。当等效塑性应变小于 1% 时，初始剪胀角（φ_{ini}）为 0°；当等效塑性应变由 1% 增至 1.2% 时，剪胀角迅速增加至峰值（φ_p），随后保持不变，直至等效塑性应变达到 ε^{ep}_p；最终剪胀角随着等效塑性应变的增加线性减小至 0°。

参考现有研究，等效塑性应变 ε^{ep}_p 和 ε^{ep}_{crit} 取值分别为 4% 和 10%。峰值摩擦

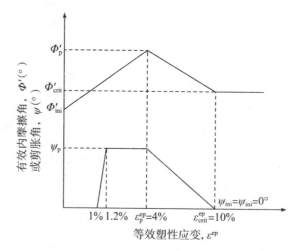

图 7-3　MMC 模型中砂土摩擦角和剪胀角与等效塑性应变的关系

角与剪胀角的取值，根据 Bolton 提出的砂土相对密实度（I_D）与摩擦角和剪胀角关系式进行确定。砂土杨氏模量（E）的取值与相对密实度有关，对于 $I_D<$ 67% 的情况，E=25 MPa；当 $I_D \geqslant$ 67% 时，E=50 MPa。泊松比 =0.3。静止土压力系数 =1－$\sin \varphi'_{crit}$。

7.3.2 黏土：修正 Tresca 模型

修正 Tresca 模型考虑了黏土不排水抗剪强度的应变率效应和应变软化特

性，其表达式如下：

$$s_{uc}=\left[1+\mu\log\left(\frac{\text{Max}(|\dot\gamma|,\dot\gamma_{\text{ref}})}{\dot\gamma_{\text{ref}}}\right)\right]\times\left[\delta_{\text{rem}}+(1-\delta_{\text{rem}})e^{-3\xi/\xi_{95}}\right]s_u$$

此公式由两部分组成，前半部分考虑土体的应变率效应，后半部分考虑土体的应变软化。其中，s_{uc} 为考虑了应变率效应和应变软化的不排水抗剪强度；s_u 为初始不排水抗剪强度（即在应变率参考值 $\dot\gamma_{\text{ref}}$ 条件下测得的未经软化的不排水抗剪强度值）；μ 为反映应变率效应强弱的参数，对于圆形桩靴基础取值为 0.1；$\dot\gamma$ 为最大剪应变率；$\dot\gamma_{\text{ref}}$ 为应变率参考值，取值为 1.5%/h；ξ 为土体的累积塑性剪应变；ξ_{95} 为延性指数，表示土体达到 95% 重塑率时的累积塑性剪应变，取值为 12；δ_{rem} 为土体原状与完全重塑两个状态下的强度比，$\delta_{\text{rem}}=1/S_t$（$S_t$ 为土体的灵敏度）。黏土层中杨氏模量根据 $E/s_{uc}=500$ 取值；考虑完全不排水条件，泊松比 =0.49；静止土压力系数等于 1。

表 7-1 "石英砂—黏土"地层采用的数值模拟参数

编号	直径 D (m)	石英砂					黏土		
		厚度 H_s (m)	H_s/D	浮重度 γ'_t (kN/m³)	φ_{crit} (°)	相对密度 I_D	浮重度 γ'_b (kN/m³)	黏土层顶面不排水抗剪强度 s_{um} (kPa)	不排水抗剪强度变化梯度 k (kPa/m)
S1	6	1.5	0.25	10.5	31	0.8	7.5	21.49	0
S2	6	3	0.5	10.5	31	0.5	7.5	19.75	0

表 7-2 "铁板砂—黏土"地层采用的数值模拟参数

编号	直径 D (m)	铁板砂				黏土		
		厚度 t (m)	浮重度 γ'_t (kN/m³)	φ'_p (°)	φ'_{crit} (°)	不排水抗剪强度 s_{ut} (kPa)	浮重度 γ'_b (kN/m³)	不排水抗剪强度 s_{ut} (kPa)	不排水抗剪强度变化梯度 k (kPa/m)
S7	6	3	11	37.3	33	98/80	9	9	0
S8	6	3	11	37.3	33	98/80	9	11.5	0

7.4 计算参数选取

模拟本项目开展的部分离心机试验，包括"石英砂－黏土"（试验 S1 和 S2）和"铁板砂－黏土"（试验 S7 和 S8）两种地层情况。模拟时采用的参数分别如表 7-1 和表 7-2 所示。

对于"铁板砂－黏土"地层中桩靴贯入的模拟，采用了两套强度参数，分别对应将"铁板砂"等效为砂土和硬黏土两种情况。当"铁板砂"等效为砂土并采用 MC 模型进行模拟时，摩擦角取值等于土体的临界状态摩擦角 φ'_{crit}，剪胀角取值 $\psi=0°$。当"铁板砂"等效为硬黏土时，通过 Zheng 等提出的桩靴在"硬－软黏土"地层中峰值承载力的计算公式，结合离心机试验结果反演得出等效不排水抗剪强度（s_{ut}）。下卧黏土的不排水抗剪强度（s_{ub}）通过 T-bar 贯入试验获得。

7.5 数值模拟分析结果

7.5.1 "石英砂－黏土"地层

图 7-4 和图 7-5 分别展示了 S1 和 S2 离心机试验及其数值模拟的贯入阻力曲线。由图可知，数值模拟结果可以较好地反应贯入阻力随贯入深度的变化。

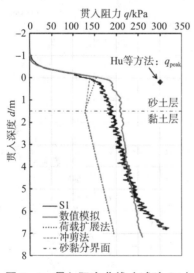

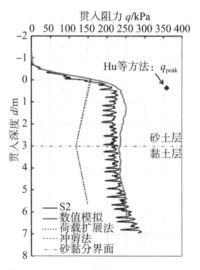

图 7-4　贯入阻力曲线（试验 S1）　　图 7-5　贯入阻力曲线（试验 S2）

数值模拟结果与离心机试验结果的总体误差小于 15%。表明所采用的数值模型可以有效模拟桩靴基础在"石英砂－黏土"地层中的贯入。

由图 7-4 可得，数值模拟结果与离心机试验结果均未观测到峰值贯入阻力，桩靴在此地层条件下贯入时，贯入阻力随着贯入深度的增加而不断增加，未发生穿刺破坏。其主要原因为砂层厚度较薄，桩靴在上层砂土中贯入时，未能形成冲剪破坏模式。由图 7-5 可得，对于 S2 离心机试验，当砂土层厚度比 H_s/D=0.5 时（其中 H_s 为砂层厚度），砂土层与黏土层强度差异明显，数值模拟结果和离心机试验结果均观测到峰值贯入阻力。

桩靴在"石英砂－黏土"地层中贯入时的竖向承载力研究已相当成熟，其中最具代表性的研究成果为 Hu 等提出的峰值贯入阻力预测方法。图 7-4 和图 7-5 中包含了 Hu 等方法预测的峰值阻力及现行 ISO 规范推荐的荷载扩展法和冲剪法预测的贯入阻力曲线，与离心机试验和数值模拟结果进行对比。现有的大量离心机试验和数值模拟结果证明，Hu 等的方法能够较为准确的预测桩靴在"石英砂－黏土"地层中的峰值贯入阻力。然而，Hu 等的预测方法显著高估了本项目中的离心机试验和数值模拟结果，最大误差约 50%。ISO 规范推荐的预测方法过分低估了离心机试验和数值模拟结果，最大误差为 30%。本书第 3 部分对造成上述现象的原因进行了分析讨论。

7.5.2 "铁板砂－黏土"地层

图 7-6 和图 7-7 分别比较了离心机试验 S7 和 S8 的试验结果与数值模拟结果。可以看出，当"铁板砂"等效为砂土时，采用 MC 模型和 MMC 模型计算得到的贯入阻力曲线几乎没有差别。可见，对于本项目离心机试验中考虑的"铁板砂"的相对密度和厚度，将其等效为砂土时，剪胀性对桩靴基础的贯入阻力没有显著影响。此外，采用 MC 和 MMC 模型计算得到的贯入阻力曲线显著低于离心机试验结果，与 S7 和 S8 离心机试验结果进行对比，最大误差分别为 40% 和 37%。因此，将"铁板砂"等效为砂土进行模拟将显著低估桩靴在"铁板砂－黏土"地层中的贯入阻力。

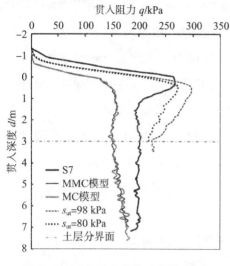

图 7-6　贯入阻力曲线（试验 S7）

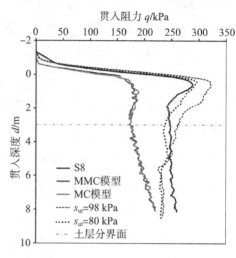

图 7-7　贯入阻力曲线（试验 S8）

当"铁板砂"等效为硬黏土时，根据 S7 和 S8 两组离心机试验结果和 Zheng 等提出的公式反演得出等效不排水抗剪强度（s_{ut}）均为 98 kPa。采用 s_{ut}=98 kPa 模拟得到的贯入阻力曲线在等效硬黏土层中出现峰值贯入阻力后迅速减小，此变化趋势与离心机试验结果一致，但峰值阻力比实测值偏高 11% ~ 12%。为获得能够准确反应峰值贯入阻力的等效 s_{ut} 值，开展了进一步的数值模拟分析，结果表明当 s_{ut} =80 kPa 时，数值模拟得到的峰值贯入阻力与离心机试验结果基本吻合，误差仅为 2% 左右，如图 7-6 和图 7-7 所示。

由图 7-6 可以看出，当"铁板砂"等效为砂土（MC 和 MMC 模型），桩靴贯入到下层均质黏土中时，数值模拟得到的贯入阻力随深度增加而逐渐逼近离心机试验结果，但仍然偏低，误差为 10% ~ 29%。当"铁板砂"等效为硬黏土时，数值模拟得到的贯入阻力随着桩靴贯入到下卧黏土层而迅速达到稳定值，这与离心机试验观察到的变化趋势一致，且稳定值大小与离心机试验结果相近，误差约为 8%。

"铁板砂"等效为砂土和硬黏土时，桩靴在下卧软黏土层中的贯入阻力变化趋势存在差异。桩靴在下部黏土中贯入时地基破坏模式的不同可能是造成上述现象的主要原因。图 7-8 展示了桩靴在"砂-黏土"和"硬-软黏土"

地层中贯入时的土体速度矢量图，贯入深度分别为 10.5 m 和 6 m。等效"硬 –软黏土"地层中当桩靴贯入深度为 6 m 时，地基已表现为局部回流破坏，软黏土由土楔底部回流至桩靴上部，因此下部均质黏土层中的贯入阻力表现为稳定值。等效"砂 – 黏土"地层中，当桩靴贯入深度为 10.5 m 时，尽管桩靴底部也带有砂楔，但未形成局部回流破坏模式，因此贯入阻力随着桩靴埋深的增加而升高。

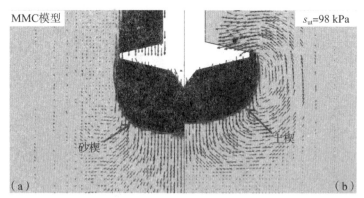

（a）"砂 – 黏土"地层（10.5 m）（b）"硬 – 软黏土"地层（6 m）

图 7-8　下卧黏土层中土体破坏模式对比图（试验 S8）

7.6　小结

　　基于已开展的离心机试验，采用耦合欧拉 – 拉格朗日（CEL）大变形有限元方法，对桩靴基础在"石英砂 – 黏土"和"铁板砂 – 黏土"地层中的贯入过程进行模拟。通过离心机试验结果与数值模拟结果的对比分析，得出以下主要结论。

　　① 基于 CEL 大变形有限元方法，并采用修正摩尔 – 库伦模型和修正 Tresca 模型分别模拟砂土和黏土的力学行为，可以较为准确地模拟"石英砂 – 黏土"地层中桩靴的贯入阻力曲线。

　　② 将"铁板砂"等效为砂土时，采用摩尔 – 库伦和修正摩尔 – 库伦模型均显著低估桩靴在"铁板砂 – 黏土"地层中的贯入阻力；将"铁板砂"等效为硬黏土，并采用基于 Zheng 等提出的公式反演得到的等效不排水抗剪强度，

可以改善对峰值贯入阻力的模拟结果，但仍然比实测贯入阻力偏高 11% ～ 12%。

③ 对于埂岛海域有效重度约为 11 kN/m³ 的铁板砂，在 CEL 分析中采用 80 kPa 的等效不排水抗剪强度值，可以对桩靴在"铁板砂－黏土"地层中的峰值贯入阻力进行更为精确的模拟。

8 改进的插桩计算模型

8.1 建立改进计算模型

通过传统理论和离心机试验、数值模拟结果，对 API 的预测方法进行了改进，改进的方法中假定当桩靴贯入深度为 $0.12H_s$ 时出现峰值阻力。建立了如图 8-1 所示的理论分析模型。

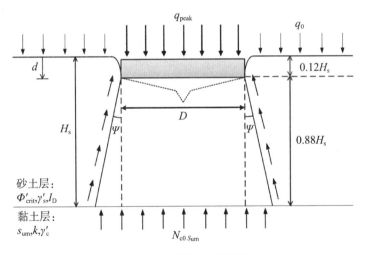

图 8-1 理论分析模型

8.2 现有的计算方法

Hu 等通过理论分析模型推导得出以下峰值贯入阻力预测公式：

$$q_{peak}= \left(N_{c0}s_{um}+q_0+0.12\gamma'_s H_s \right) \left(1+\frac{1.76H_s}{D}\tan\psi \right)^{E^*}+\frac{\gamma'_s D}{2\tan\psi(E^*+1)} \times \quad (1)$$

$$\left[1- \left(1-\frac{1.76H_s}{D}E^*\tan\psi \right) \left(1+\frac{1.76H_s}{D}\tan\psi \right)^{E^*} \right] \quad\quad\quad (2)$$

$$E^*=2 \left[1+D_F \left(\frac{\tan\Phi^*}{\tan\psi}-1 \right) \right] \quad\quad\quad\quad\quad\quad\quad\quad (3)$$

$$\tan\varphi^*=\frac{\sin\Phi'\cos\psi}{1-\sin\Phi'\cos\psi} \quad\quad\quad\quad\quad\quad\quad\quad\quad\quad (4)$$

$$D_F=0.642 \left(\frac{H_s}{D} \right)^{-0.576} \quad\quad\quad\quad\quad\quad\quad\quad\quad\quad\quad (5)$$

式中，N_{c0} 为 Houlsby 和 Martin 总结的黏土地基中的承载力系数；q_0 为砂层表面的竖向荷载；ψ 为砂土的剪胀角；D_F 为应力分布系数，代表了穿刺发生时剪切面上法向应力与砂层中竖向平均应力的比值。D_F 的预测公式，即式（5）是基于一系列离心机试验结果拟合得到的，是上述预测方法中唯一的经验参数。

8.3 现有计算方法的预测精度

Hu 等预测方法显著高估了本项目开展的离心机试验中桩靴的峰值贯入阻力。虽然试验未观测到峰值贯入阻力，但 Hu 等方法预测的峰值阻力仍比离心机试验中桩靴在砂层中的最大贯入阻力偏高约 46%。API 规范推荐的方法则显著低估了桩靴在砂层中的贯入阻力。

针对上述现象，推测 Hu 等提出的峰值承载力预测公式的适用范围可能存在"盲区"。初步假定该方法可能不适用于黏土层不排水抗剪强度较高的情况。查阅相关文献，从中获得 5 个符合上述条件的离心机试验。离心机试验参数如表 8-1 所示。

表8-1　文献中的离心机试验参数

编号	直径 D (m)	石英砂					黏土		
		厚度 H_s (m)	H_s/D	浮重度 γ'_t (kN/m³)	φ'_{crit} (°)	相对密度 I_D	浮重度 γ'_b (kN/m³)	黏土层顶面不排水抗剪强度 s_{um} (kPa)	不排水抗剪强度变化梯度 k (kPa/m)
SP-1	12	5	0.42	9	32	0.44	7.5	23.5	0
SP-2	12	6	0.5	9	32	0.44	7.5	23.5	0
T5	14	2.6	0.19	10.3	32	0.89	8	45	0
T6	14	7	0.5	10.3	32	0.89	8	42	0
T8	14	9.5	0.68	10.3	32	0.89	8	41	0

注：SP-1和SP-2来自Hossain等；T5、T6和T8来自Craig和Chua

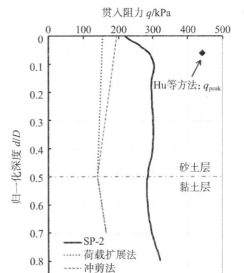

（a）SP-1贯入阻力　　　　　　（b）SP-2贯入阻力

图8-2　预测结果与试验结果对比图

图8-2和图8-3分别展示了Hossain等、Craig和Chua开展的离心机试验

的贯入阻力曲线，同时包含了 Hu 等方法预测的峰值贯入阻力 q_{peak} 以及 ISO 规范推荐的荷载扩散法和冲剪法预测的贯入阻力曲线。可以看出，Hu 等方法预测的峰值阻力过分高估了离心机试验结果，误差可达 50%；ISO 规范推荐方法预测的贯入阻力曲线则过分低估了离心机试验结果，误差为 30% ~ 50%。

可见，Hu 等的峰值阻力预测公式的适用范围确实存在"盲区"，在此"盲区"内峰值阻力被过分高估。现行 ISO 规范推荐的预测方法则过分低估了桩靴在"砂－黏土"地层中的贯入阻力。现有研究表明，ISO 规范推荐的荷载扩散法和冲剪法所基于的计算模型与桩靴贯入时地基真实的破坏模式有很大差别，因此无法准确预测桩靴的贯入阻力。相比之下，Hu 等方法所采用的理论分析模型能够较为正确地反映穿刺发生时地基的破坏模式。因此，针对本项目发现的 Hu 等方法的盲区，进一步开展了一系列的变动参数有限元分析，探究桩靴和土层的几何尺寸以及土层强度参数对 Hu 等方法预测精度的影响。变动参数分析采用的参数见表 8-2。

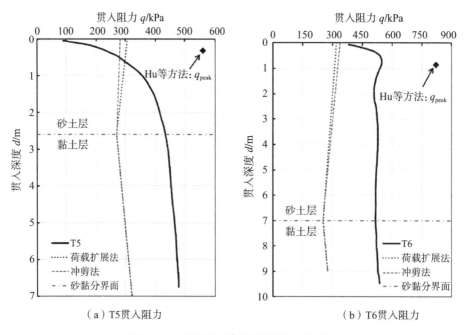

（a）T5贯入阻力　　　　　　　　（b）T6贯入阻力

图 8-3　预测结果与试验结果对比图（1）

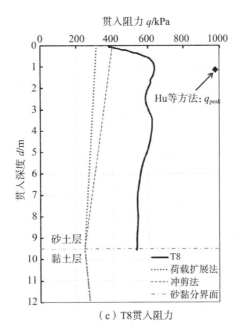

（c）T8贯入阻力

图8-3　预测结果与试验结果对比图（2）

表8-2　变参数值分析采用的参数

组号	D（m）	石英砂				黏土			注释
		H_s/D	γ'_s（kN/m³）	I_D（%）	φ'_{crit}（°）	γ'_c（kN/m³）	s_{um}（kPa）	k（kPa/m）	
1	12	0.5	9	44	32	7.5	5、10、20、30和40	0和1	s_{um}的影响
2	12	0.5	9	44	32	7.5	5、10、20和30	0、1、2和4	k的影响
3	6、12和18	0.25、0.5和0.75	9	44	32	7.5	10和30	1	H_s或D影响
4	12	0.5	9、10和11	44、67和90	32	7.5	30	0和1	I_D的影响

105

8.4 计算方法的改进

对表 8-2 中的数值模拟结果分析可得，桩靴在砂土中达到峰值阻力时，土体的破坏模式与 Hu 等提出的理论分析模型（图 8-4）基本一致。因此，经验参数 D_F 的预测误差，可能是导致 Hu 等方法过分高估部分离心机试验结果的主要原因。

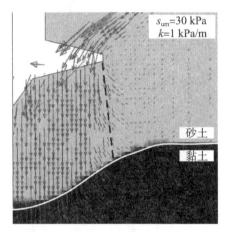

图 8-4 桩靴穿刺时的土体破坏模式（表 8-2—组 1）

由（5）式可得，现有 D_F 预测公式仅受砂层厚度比 H_s/D 的影响。但通过对表 4 数值模拟结果及前述离心机试验结果的整理分析发现，D_F 的大小不仅受 H_s/D 的影响，还受到下层黏土强度以及 H_s/D 保持定值时桩靴直径等因素的影响。图 8-5 和图 8-6 分别展示了下卧黏土强度（s_{um}=30 kPa）和当 H_s/D 保持定值时桩靴直径对 DF 的影响（参数见表 8-2）。其中黑线代表峰值贯入阻力预测值与数值模拟实测值之比，灰线代表根据数值模拟结果反演得到 D_F 值。由图 8-5 可知，当 k 值一定时，随着 s_{um} 的增大，D_F 值显著减小；由图 8-6 可知，当 H_s/D 保持恒定时，随着桩靴直径的增加，D_F 值显著增大。因此可确定 D_F 的预测公式不仅仅是 H_s/D 的函数，同时还受到黏土层强度参数以及桩靴尺寸的影响。针对上述现象，通过离心机试验与数值模拟结果对 D_F 的公式进行修正，修正后的 D_F 表达式为

$$D_F = 0.6 \left(\frac{(0.1\gamma_c' + k)D}{s_{um}} \right) 0.2 + \left(\frac{H_s}{D} \right) - 0.4 \qquad (6)$$

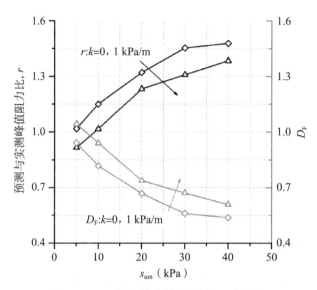

图 8-5 D_F 与不排水抗剪强度 s_{um} 的关系

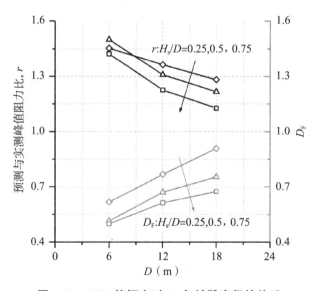

图 8-6 H_s/D 值恒定时 D_F 与桩靴直径的关系

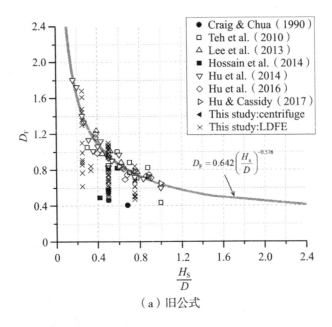

（a）旧公式

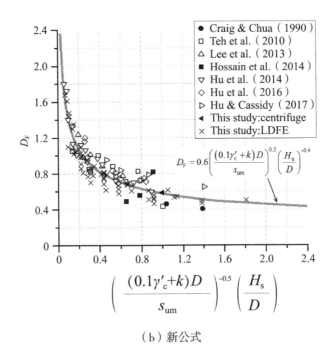

（b）新公式

图 8-7　D_F 试验和数值模拟实测值与公式预测值对比图

图 8-7 为离心机试验和数值模拟结果反演获得的 D_F 值与新旧公式的对比。可以看出，旧公式过分高估了部分 D_F 数据，这正是前述 Hu 等预测方法高估离心机试验峰值贯入阻力的原因。与旧公式相比，改进得到的新公式能够较为准确地预测绝大部分 D_F 值。图 8-8 对比了采用新旧两个 D_F 公式时，Hu 等方法对峰值贯入阻力 q_{peak} 的预测精度。由图可知，采用新公式（改进方法）能较好地预测峰值贯入阻力，绝大部分误差在 ±20% 范围内。

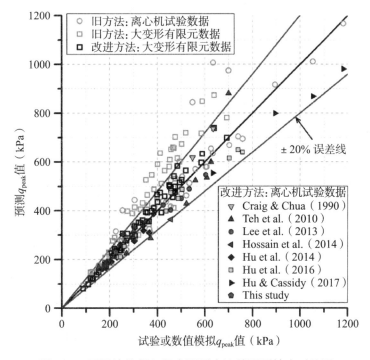

图 8-8 不同峰值贯入阻力预测方法的预测精度对比图

8.5 小结

对于"石英砂—黏土"地层，当前最为有效的 Hu 等的峰值贯入阻力预测方法的适用范围存在"盲区"。此范围内预测公式过分高估峰值贯入阻力。通过本项目开展的离心机试验与数值模拟结果对 D_F 的预测公式进行了修正，显著改善了现有方法的预测精度。

9 案例分析

9.1 案例一 CB4C 井场

9.1.1 项目概况

9.1.1.1 地层分布情况

按业主要求，我公司于 2018 年 7 月 15 至 7 月 17 日完成了 CB4C 井场工程地质调查工作，布置工程地质钻孔两个，孔深均为 20 m，分别位于平台拟就位位置的右舷处（CK201）和艉桩附近（CK202），具体位置见图 9-1。

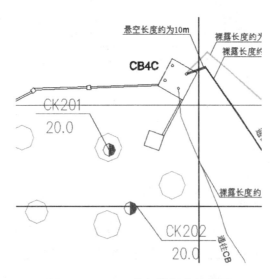

图 9-1 CB4C 井场勘探点位置图

根据钻探结果,按照相关规定,两勘探点处的地层划分和描述如表9-1所示。

表 9-1　CB4C 井场土层分布情况

CK201 右艉（桩穴内）			CK202 艉桩附近（桩穴外）		
层号	岩土名称	分层深度（m）	层号	岩土名称	分层深度（m）
1-1	粉土	0.0 ~ 4.0	2-1	粉质黏土	0.0 ~ 1.9
1-2	粉质黏土	4.0 ~ 5.1	2-2	粉土	1.9 ~ 3.0
1-3	粉土	5.1 ~ 7.6	2-3	粉质黏土	3.0 ~ 5.2
1-4	粉质黏土	7.6 ~ 9.0	2-4	淤泥质粉质黏土	5.2 ~ 8.9
1-5	细砂	9.0 ~ 11.9	2-5	粉砂	8.9 ~ 12.4
1-6	粉质黏土	11.9 ~ 14.4	2-6	粉质黏土	12.4 ~ 15.5
1-7	粉土	14.4 ~ 17.0	2-7	粉土	15.5 ~ 17.1
1-8	粉质黏土	17.0 ~ 18.0	2-8	粉质黏土	17.1 ~ 17.8
1-9	粉土	18.0 ~ 20.0	2-9	粉砂	17.8 ~ 20.0

9.1.1.2　规范法计算插桩深度

根据勘察结果揭示的地层分布和土层力学性质,应用 ISO 规范推荐的方法进行插桩计算,作业 7 号平台在 CB4C 插桩就位的推荐深度为:CK201 右艉（桩穴内）9.0 m,CK202 艉桩附近（桩穴外）8.9 m。

9.1.1.3　现场插桩施工情况

2018 年 7 月 28 日,作业 7 号平台由 CB11M 拖航至 CB4C 开始压载插桩就位,并于 2018 年 7 月 29 日完成插桩施工。最终,艉桩入泥深度 4.52 m,左桩入泥深度 1.63 m,右桩入泥深度 1.50 m。具体见平台压载工作记录表（图 9-2）。

9.1.2　成果应用

应用本书研究成果对平台插桩稳定性进行计算后,作业 7 号平台在 CB4C 插桩就位的推荐深度为:CK201 右艉（桩穴内）9.0 m,CK202 艉桩附近（桩穴外）1.9 m。桩靴贯入阻力曲线见图 9-3。

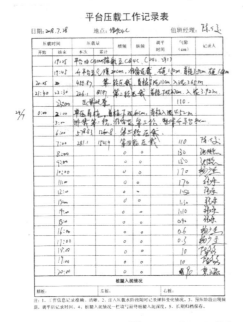

图 9-2　CB4C 井场平台压载工作记录

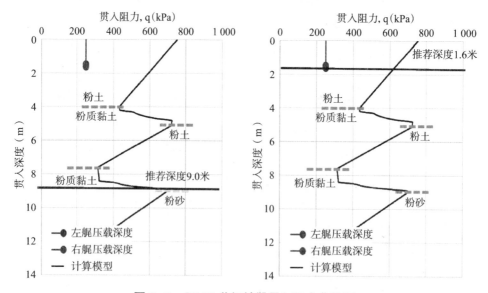

图 9-3　CB4C 井场桩靴贯入阻力曲线图

9.1.3　对比分析

应用 ISO 规范推荐的方法、应用本课题研究成果、现场施工实际插桩深度对比统计见表 9-2。

表 9-2　CB4C 井场土层分布情况

计算方法	插桩位置	实际深度（m）	计算深度（m）	是否吻合
ISO 推荐法	艏桩	4.52	9.00	不吻合
	右艉	1.50	8.90	不吻合
本课题研究成果	艏桩	4.52	9.00	不吻合
	右艉	1.50	1.60	吻合

对表 9-2 对比结果进行分析，对于艏桩（桩穴内），研究成果预测持力层为第 2 层粉土 9.0 m 处，现场实际插桩深度为 4.5 m。推测是由于插桩位置附近存在老桩坑、土层边界紊乱造成的；对于右艉，研究成果预测持力层深度与现场插桩实际深度吻合。

本课题研究成果在 CB4C 井场插桩计算结果优于 ISO 规范推荐方法。

9.2　案例二　CB20A 井场

9.2.1　项目概况

9.2.1.1　地层分布情况

按业主要求，我公司于 2018 年 6 月 8 至 6 月 10 日完成了 CB20A 井场工程地质调查工作，布置工程地质钻孔两个，孔深均为 20 m，分别位于平台拟

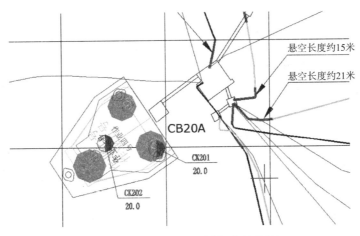

图 9-4　CB20A 井场勘探点位置图

就位位置的左艉处（CK201）和艉桩附近（CK202），具体位置见图 9-4。

根据钻探结果，按照相关规定，两勘探点处的地层划分和描述如表 9-3 所示。

表 9-3　CB20A 井场土层分布情况

CK201 左艉（桩穴内）			CK202 艉桩附近（桩穴外）		
层号	岩土名称	分层深度（m）	层号	岩土名称	分层深度（m）
1-1	粉土	0.0 ~ 1.3	2-1	粉土	0.0 ~ 2.0
1-2	粉土	1.3 ~ 6.0	2-2	粉土	2.0 ~ 4.0
1-3	粉质黏土	6.0 ~ 11.1	2-3	粉质黏土	4.0 ~ 9.8
1-4	粉质黏土	11.1 ~ 15.0	2-4	粉质黏土	9.8 ~ 14.4
1-5	粉土	15.0 ~ 15.8	2-5	粉土	14.4 ~ 15.3
1-6	黏土	15.8 ~ 18.9	2-6	黏土	15.3 ~ 18.3
1-7	粉土	18.9 ~ 20.0	2-7	粉土	18.3 ~ 20.0
1-8	粉质黏土	17.0 ~ 18.0	2-8	粉质黏土	17.1 ~ 17.8
1-9	粉土	18.0 ~ 20.0	2-9	粉砂	17.8 ~ 20.0

9.2.1.2　规范法计算插桩深度

根据勘察结果揭示的地层分布和土层力学性质，应用 ISO 规范推荐的方法进行插桩计算，作业 6 号平台在 CB4C 插桩就位的推荐深度为：CK201 左艉（桩穴内）2.2 m，CK202 艉桩附近（桩穴外）14.4 m。

9.2.1.3　现场插桩施工情况

2018 年 9 月 7 日，作业 6 号平台在 CB4C 开始压载插桩就位，并于 2018 年 9 月 12 日完成插桩施工。最终，艉桩入泥深度 8.32 m，左桩入泥深度 2.06 m，右桩入泥深度 1.65 m。具体见平台压载工作记录表（图 9-5）。

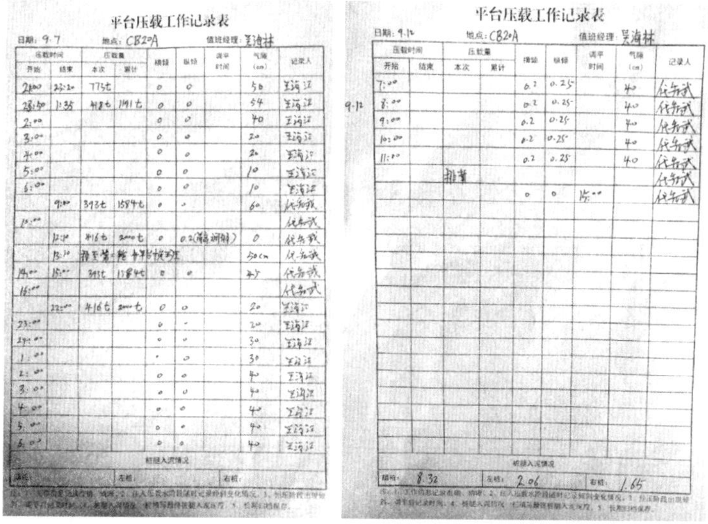

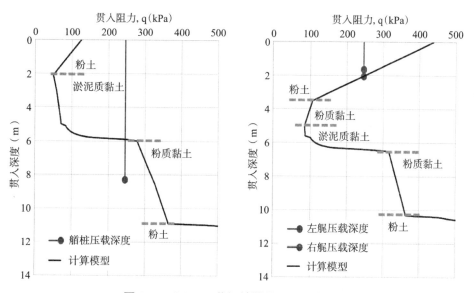

图 9-5　CB20A 井场平台压载工作记录

9.2.2　成果应用

应用本课题研究成果对平台插桩稳定性进行计算后，作业 6 号平台在 CB20A 插桩就位的推荐深度为：CK201 左艉（桩穴内）2.2 m，CK202 艉桩附近（桩穴外）6.0 m。桩靴贯入阻力曲线见图 9-6。

图 9-6　CB20A 井场桩靴贯入阻力曲线图

9.2.3 对比分析

应用 ISO 规范推荐的方法、应用本课题研究成果、现场施工实际插桩深度对比统计见表 9-4。

表 9-4　CB20A 井场土层分布情况

计算方法	插桩位置	实际深度（m）	计算深度（m）	是否吻合
ISO 推荐法	艏桩	8.32	14.40	不吻合
	左艉	2.06	2.20	吻合
本课题研究成果	艏桩	8.32	6.00	吻合
	左艉	2.06	2.20	吻合

对上表对比结果进行分析，对于艏桩（桩穴内），研究成果预测持力层为第 3 层粉质黏土 6.0 m 处，现场实际插桩深度为第 3 层粉质黏土 8.32 m 处，和预测持力层处于同一层位，预计结果视为吻合；对于左艉，研究成果预测持力层深度与现场插桩实际深度吻合。

本课题研究成果在 CB20A 井场插桩计算结果优于 ISO 规范推荐方法。

10 平台反复插拔桩对地层的影响

海上移动平台的插桩和拔桩过程是钻井平台在漂浮状态和海底支撑状态之间转换的过程，对于平台的作业性能和安全性十分重要。自升式平台每次在一个井位完成钻井后，都会在井位处留下很明显的海床凹陷，称为桩坑，也称脚印，桩坑的直径通常大于 10 m，桩坑内的土体通常是高度受扰动的土。

插桩过程中，桩底土受到挤压、破坏，破坏形式以冲剪破坏为主，一部分被挤压到桩坑外软弱土层内，一部分被挤压拖带到桩靴下部地层。桩靴插入地基后形成一定深度的孔穴，继续插桩则孔穴巧塌，土体形成完全回流的破坏模式。拔桩后，在海底会留下桩坑。平台插拔桩后，坑内土体的强度无论在横向和竖向都变得不均匀，由于受到扰动，其强度会降低。

通过模型试验，模拟反复插拔桩造成的地基土强度丧失与恢复过程，测试自升式平台反复插拔桩前后土体的强度变化和桩坑的影响范围。

10.1 试验设计系统组成

为了实现插拔桩试验功能，本课题研制了自升式平台插拔桩试验系统，系统设计主要包括土箱、加载及支撑装置、测量系统、土体强度测量设备和模型桩靴等。

10.1.1 桩靴模型

按照 1 ：100 的比例尺进行缩尺制作，模型详细尺寸及实物如图 10-1 所示。

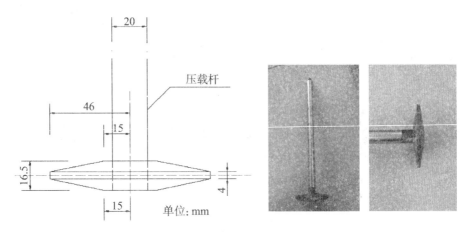

图 10-1　桩靴模型尺寸及实物图

10.1.2　模型土箱与反力架

考虑边界效应，模型土箱的尺寸为 800 mm × 800 mm × 400 mm，可根据试验需要配置单层、双层或多层土。模型箱侧板底部对称设计了 2 个排水孔，用于抽真空固结以制备模型试验土。

10.1.3　加载系统和拉压力传感器

插桩与拔桩过程，通过液压千斤顶和反力架配合加以实现。加载时，将千斤顶固定到反力架横梁上，在反力架底端增加足够配重以提供反力，同时将千斤顶加载杆端、力传感器和桩靴杆件从上到下依次相接，如图 10-2 所示。

图 10-2　加载系统实物图

千斤顶加载系统可进行往复加载，双向行程均为 25 cm，满足试验要求。可以根据要求控制加载速率，液压千斤顶最大加载能力为 ±20 吨，如图 10-3 所示。

图 10-3　液压千斤顶参数

测力传感器可用于测试插桩过程中的压力和拔桩过程中的拉力大小，本次采用蚌埠大洋传感器生产的 DYLY-103 S 型拉压力传感器，量程为 -200 ～ 200 kg，精度为 0.03% FS，试验过程数据通过数据采集软件连续采集，如图 10-4 所示。

图 10-4　拉压力传感器和数据采集软件

10.1.4　孔隙水压力传感器

本次试验使用的孔隙水压力传感器为西安德威科仪表公司生产的微型孔隙水压力传感器，量程分别为 -20 ～ 20 kPa 和 -60 ～ 60 kPa，精度为 0.5% FS，设有温度补偿装置，用来测量试验过程中土模型内部孔隙水压力变化，以判别插拔桩对土的影响程度及范围。试验过程中孔隙水压力可实现自动化数字采集，如图 10-5 所示。

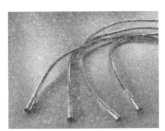

图 10-5　孔隙水压力传感器及自动采集装置

10.1.5 便携式十字板剪切仪

使用便携式十字板剪切仪测试插拔桩前后土层的不排水抗剪强度，设备如图10-6所示。使用方法为，当测试点的土体发生剪切破坏后，记录所获得的刻度圈示值，土样的不排水抗剪强度等于记录值乘以对应十字板头型号的相应系数。试验中，采用板头尺寸为2 cm×4 cm。

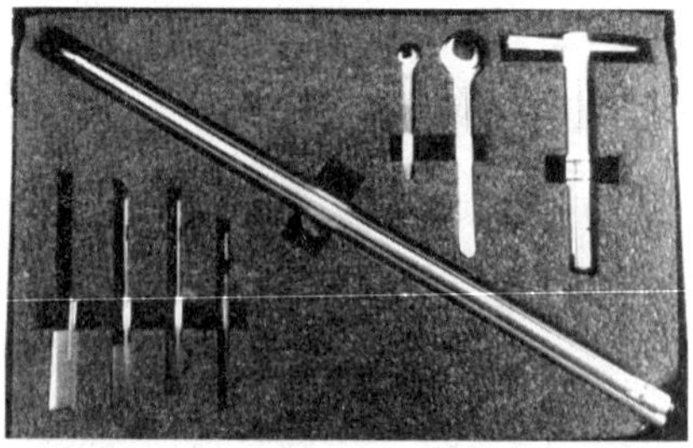

图 10-6 便携式十字板剪切仪

10.2 试验用土制备

① 将取自埕岛海域的粉土和粉质黏土分别置于钢板上风干，用搅拌机将风干的土块充分打散后过筛，再将过筛后的土再次充分碾散，从而准备好风干粉质黏土和粉土样品，然后将干土搅拌均匀备用。

② 将搅拌均匀的土样放在垫板上，用喷雾器喷洒少量水后，将土体放入搅拌机中，再向搅拌机中加入足量水，经过充分拌合后，将土体制备成饱和泥浆，再将土样分层放进模型箱后，采用真空预压方式将土样制成具有一定强度的饱和土备用。

③ 为了加速土样固结，本次试验采用真空预压固结方式，具体做法如下：首先在模型箱底部依次放入2 cm粗砂，1 cm细砂，以形成有利排水通道，并加垫一层土工布；然后加入饱和粉土泥浆，垫一层土工布，箱体顶部包上塑料膜，塑料膜应起到密封作用，再采用真空方式使粉土发生一定固结后（此过程维持2 d），撤去土工布和顶部塑料膜，再加入饱和黏土泥浆，垫一层土工布，箱体顶部包上塑料膜，再次进行真空预压，静置15 d，让粉土和黏性土充分固结，制样原理如图10-7，实物如图10-8所示。

④ 采用便携式十字板剪切仪测试土体强度，当土体强度达到试验要求后，准备开始试验。

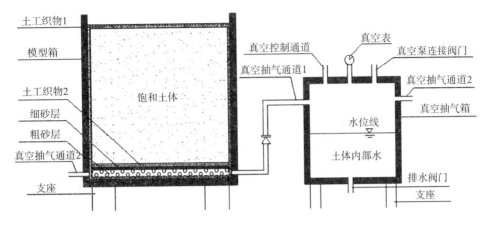

图 10-7 真空预压固结模型箱原理图

图 10-8 真空预压示意图

10.3 试验方案

本次试验主要研究粉质黏土覆盖粉土层时，插拔桩对地层的影响。

① 设计粉质黏土层厚 20 cm，粉土层厚 7 cm，粉质黏土覆盖粉土。

② 在土层中需埋置孔隙水压力传感器，监测插拔桩过程中不同深度、不同水平位置处的孔隙水压力大小，以用于分析插拔桩对地层的影响范围和程度。

③ 为模拟实际插拔桩过程，需确定试验加载速率和荷载维持时间。

具体试验方案设计如下所述。

10.3.1 层分布

试验土层分布为上部 20 cm 厚粉质黏土，下部 7 cm 厚粉土。试验开始前，经实测得到的各土层土体物理力学参数平均值见表 10-1。

表 10-1 试验土体参数

	主要参数	参数值
粉质黏土	含水率 /%	28.5
	有效重度 / (kN/m³)	8.1
	塑性指数	15.3
	泥面不排水抗剪强度 /kPa	2
	强度随深度变化率 / (kPa/cm)	0.6
粉土	含水率 /%	22.3
	有效重度 / (kN/m³)	9.5
	不排水抗剪强度 /kPa	27.3

10.3.2 孔隙水压力传感器布置

参考前期项目经验和插拔桩数值分析结果，认为插拔桩的影响范围主要在 1.5D 范围内，进一步考虑模型试验的比尺效应，确定孔压计布置的水平最大距离为 1.5D 较为合适，可以覆盖到全部影响范围。

具体布置方式如下：共使用孔压计 4 个，均分布在桩靴模型两侧。其中距离桩靴中心 1D 位置沿深度布置 2 个，深度分别为 10 cm 和 20 cm；距离桩靴 1.5D 直径位置处沿深度布置 2 个，深度分别为 10 cm 和 20 cm，以用于监测插拔桩在粉质黏土和变层位置处孔压变化过程。

10.3.3 插拔桩过程设计

考虑到粉土层下为土工织布和砂土，若插桩深度达到粉土层底部，贯入力会激增，即下部排水砂层会对粉土层强度有所影响，因此确定插桩深度为 22 cm 左右，即桩靴进入粉土深度为 2 cm 左右，具体插入深度视情况确定。

插桩过程采用位移控制，速度均为 0.1 mm/s，插桩至既定深度后，静置 10 分钟后拔桩，待土体完全回流结束 10 分钟后，再次插桩。重复上述过程。往复两次插拔过程，终止试验。

详细试验方案设计如图 10-9 所示。

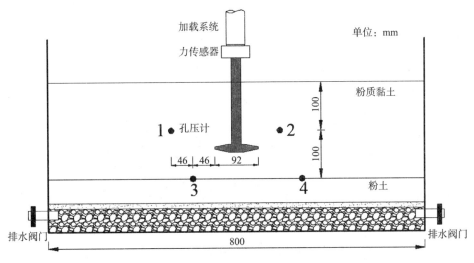

图 10-9　具体试验设计示意图

10.3.4　土体强度测试方案设计

试验开始前,在模型箱四个角点距离箱侧 10 cm 位置处,分别测试沿深度方向土体强度大小,并取平均值,作为初始土体强度值。

反复插拔结束后,在距离桩靴 0.75D、1.0D、1.25D、1.5D、1.75D 和桩底位置处分别测试土体强度。具体分布如图 10-10 所示。

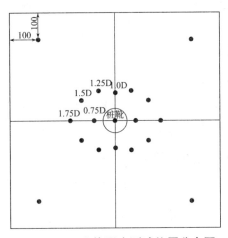

图 10-10　土体强度测试位置分布图

10.4 试验结果分析

10.4.1 插拔桩影响范围分析

根据土体位移和孔隙水压力变化情况，分析研究插拔桩影响范围。

10.4.1.1 初次贯入

（1）土层位移变化。

由于表层黏性土强度较低，导致初始贯入时土层发生冲切破坏，冲坑周边未出现由于挤土而出现的隆起，反而发生下沉现象，桩靴附近表层土体出现裂缝，究其原因可能为：① 随着桩靴贯入深度增加，桩坑内壁土体部分程度坍塌，支撑力显著降低，坑外侧主动土压力引起桩坑侧壁土体发生整体移动；② 贯入过程中，桩靴对其周边侧壁土体有向下的牵引作用，导致坑外侧土体向坑内侧倾斜。如图 10-11 所示。

图 10-11　初次贯入示意图

（2）孔压变化。

图 10-12 为插桩过程中，不同土层位置处孔压监测结果。

从图中可以看出，贯入深度达到 5 cm 时，2 号孔压计示数开始增加，表明该深度处距离桩靴中心 1D 处的土体出现压缩变形，导致孔隙水压力增加，峰值达到 6 kPa；贯入深度达到 7.5 cm 时，1 号孔压计示数开始增加，表明桩靴贯入影响区域已发展至距离桩靴 1.5D 直径，但孔压增加不显著，最终峰值约为 0.7 kPa；贯入深度达到 7 cm 时，3 号孔压计示数开始增加，且增加趋势显著，峰值达到 18 kPa，表明随着贯入深度的增加，桩靴底部附加应力影响范围逐步扩大；贯入深度达到 15 cm 时，4 号孔压计示数开始增加，但峰值较小。贯入过程结束时，各孔压均维持不变，无消散迹象。

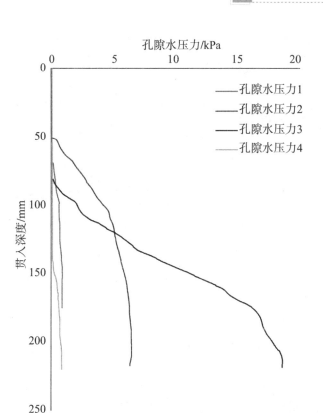

图 10-12　初次插桩孔压不同位置处孔压变化

10.4.1.2　初次拔出

初始贯入结束后，待孔压消散十分钟后开始拔出桩靴。拔桩速率与插桩速率相同。

拔桩结束后，桩靴带出部分完全扰动土体，该部分土体呈流速状，属于超软土，基本无强度，这主要是由于插桩后桩坑侧壁土体坍塌或回流，以及桩坑缩孔导致的。如图 10-13、图 10-14 所示。

图 10-13　初次拔出示意图

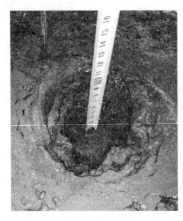

图 10-14　初次插拔后桩坑形状及尺寸

桩坑呈现倒锥形,桩坑最大深度为 8.5 cm(约为 1D),最大直径为 12 cm(约为 1.3D)。拔出过程中,孔压稍有增加。挤土效应不明显。完全拔出后,由于内部支撑作用更小,导致侧壁向桩坑内部倾斜更严重。

10.4.1.3　二次插拔

初次完全拔出 30 分钟后,在相同位置进行二次插桩。

由于初次插拔已形成完整桩坑,二次插桩时,挤土效应不明显,孔压增量相比第一次插桩显著下降。但桩靴拔出后,再次携带出部分完全扰动土体,对邻近桩靴土体进一步产生扰动,导致桩坑深度和直径更大,拔桩后,测量桩坑最大深度为 10 cm(1.1D),最大直径为 15 cm(1.6D)。如图 10-15 所示。

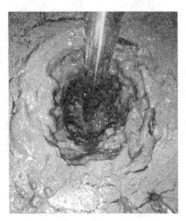

图 10-15　二次插桩和拔桩

二次拔桩后，孔壁坍塌更严重，桩坑侧壁土体向坑内倾斜也更明显，表现为表层土体下沉。如图 10-16 所示。

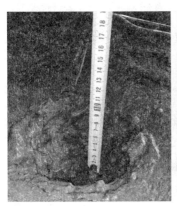

图 10-16　二次插拔桩后桩坑形状及尺寸

10.4.2　土体强度影响分析

试验开始前，在距离贯入位置中心 2D 位置处，选取 4 个试验点，沿深度每间隔 4 cm 测试一次土体强度，测试深度达到 22 cm，至粉土层，如图 10-17 所示。

二次拔出完成后，根据试验影响范围，分别对距离贯入中心 0.75D、1D、1.25D、1.5D 和 1.75D 位置处的土体强度进行测量，以分析反复插拔桩对周边土体扰动影响。

表 10-2　试验前后土体强度对比

深度 z/cm	试验前强度 Su0/kPa	试验后强度 Su1/kPa				
		0.75D	1D	1.25D	1.5D	1.75D
4	4.3	2.4	3.0	4.6	4.0	4.3
8	5.7	2.4	3.0	4.5	5.0	5.8
12	7.6	3.2	3.1	6.2	7.3	8.2
15	9.4	5.0	5.6	7.3	8.9	8.5
18	12.4	5.8	6.4	9.7	10.2	12.6
22	27.3	20.3	24.1	26.9	26.4	28.2

图 10-17 为不同深度处，距离桩靴不同距离处的土体受扰动程度分布规律。从图中可知，距离桩靴 0.75D 位置处扰动程度最严重，最高可达到 40%。随着距离的增加，扰动程度有所降低，距离增加至 1.5D 至 1.75D 范围内时，土体基本不受扰动，同时结合超孔隙水压力数据，可以确定插桩影响范围约为距离桩靴中心 1.6D 范围内。

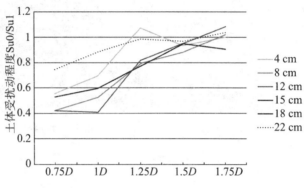

图 10-17　土体强度受扰动程度（不同深度）

图 10-18 给出了距离桩靴中心不同距离的土体强度受扰动程度沿深度分布规律。从图可知，距离桩靴中心不同位置处，沿深度方向土体的扰动程度在 1.8D（16.5 cm）范围内基本不变，随后扰动程度显著降低。

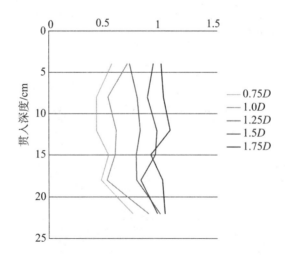

图 10-18　土体强度受扰动程度（距离桩靴中心不同距离）

此外，对桩坑底部中心土体强度进行测量，试验后强度为 39.4 kPa，强度约增加 40%。这是由于反复插桩对坑底土体有压密作用，同时土体再次发生固结，根据荷载－位移关系可知，固结应力可达到 140 kPa。

图 10-19 土体强度测试（左：试验前；右：试验后）

10.4.3 插拔桩过程中荷载变化分析

10.4.3.1 初次插拔桩

由于浅表层为软黏性土，因此桩靴初始贯入时地基表现为冲切破坏，桩靴底部黏性土被压密至桩靴底部，很少部分土体从桩靴侧面挤出，桩侧土体由于主动土压力作用向坑内倾斜，桩坑侧壁土体出现坍塌或回流，荷载曲线呈缓慢线性增加，当桩靴接近粉质黏土－粉土变层处时，荷载增加至 25 kg，该部分荷载主要由桩靴端部承担，侧壁摩阻力几乎不用考虑。

进一步贯入桩靴，荷载出现瞬时突变，底部黏性土被进一步压密，粉土层同时发挥抗力作用，贯入结束时荷载峰值达到 130 kg，此时，桩靴中心底部出现较为严重的压密区，土体强度有所增加，桩靴边缘应形成局部塑性区，土体强度所有降低。

维持桩靴竖向位移不变，待荷载稳定后开始拔桩，该过程中我们发现，峰值荷载出现显著降低，最终达到一稳定值，究其原因可能为桩靴荷载主要由端部土体承担，贯入过程中桩靴与土相互作用表现良好，贯入结束时，桩端压密区土体出现应力松弛，桩靴周围塑性区土体进一步变形，导致桩靴与土相互作用力下降，最终表现为荷载降低。根据试验结果可以看出，初次插桩结束后 Q/Q_0 约为 0.33。

荷载稳定后开始拔桩，起拔力 Q_b 约为 20 kg，这主要源于端部土体对桩靴产生的吸力作用，随后荷载显著下降，该部分荷载源于侧壁土阻力。

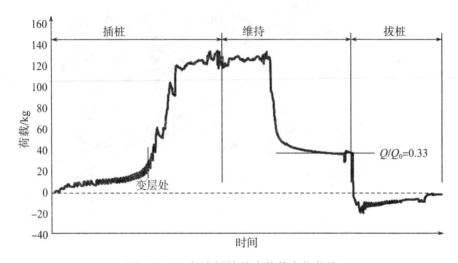

图 10-20　初次插拔桩中荷载变化曲线

10.4.3.2　二次插拔桩

二次插拔桩过程中，由于坑内土体受到扰动，强度显著降低，导致桩靴在黏性土中的荷载较小，接近粉土层时，最大荷载约为 8 kg。桩靴进一步贯入至粉土层，由于初次插桩对底部土体有压密作用，土体强度增加，导致桩靴贯入荷载有所提升，峰值荷载达到了 140 kg。

贯入结束后，维持桩靴竖向位移不变，峰值荷载逐渐降低至一稳定值，Q/Q_0 约为 0.78，较初次插桩有所提高，这是由于初次插拔桩后，桩靴中心底部土体已经过一次压密作用，土体强度有所提高，变形能力较弱，导致二次插桩后桩靴与土相互作用弱化效应不明显，最终表现为稳定荷载与峰值荷载比值较高。

桩端压密区土体出现应力松弛，桩靴周围塑性区土体进一步变形，导致桩靴与土相互作用力下降，最终表现为荷载降低。

荷载稳定后开始拔桩，起拔力约为 Q_b 约为 18 kg，归因于端部土体对桩靴产生的吸力作用，较初次拔桩略有下降。

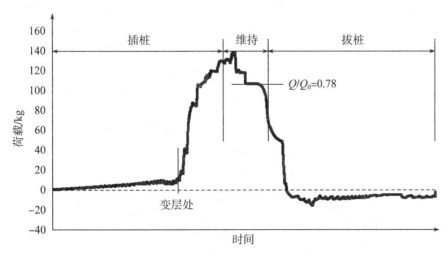

图 10-21 二次插拔桩中荷载变化曲线

10.4.3.3 荷载变化规律

两次插拔桩的荷载变化规律相近，整体变化规律如图 10-22 所示。

① 插桩阶段，初始贯入至黏性土中时，荷载呈缓慢线性增加，接近变层处时，荷载发生突变，并近似呈线性增加至峰值。

② 维持阶段：荷载逐渐降低至一稳定值。

③ 拔桩阶段：瞬时起拔力较大，随后突然降低，最后趋于稳定。

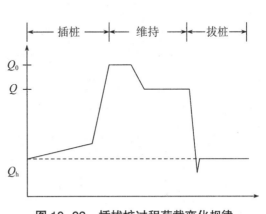

图 10-22 插拔桩过程荷载变化规律

其中，黏性土中的贯入力峰值与起拔力峰值接近。

10.5 小结

按照项目的攻关目标，编制了试验设计方案，细化了试验内容，建立了缩尺模型试验系统，完成了室内反复插拔桩的小比尺物理模型试验，得到如下结论。

① 桩靴贯入至黏土层中发生冲切破坏，初次贯入结束后，侧壁土体发生回流和坍塌，表层土体有明显沉陷，初次拔桩结束后，遗留较大桩坑，呈倒锥形，其深度和直径均大于桩靴直径，反复插拔后遗留桩坑尺寸有所增加，同时拔桩携带出的土体已被完全扰动，呈流塑状态。

② 通过监测不同位置处孔隙水压力发展规律和测试试验前后土体强度，获得了反复插拔桩对地层的影响范围和影响程度。距离桩靴距离越近，扰动越严重，扰动程度最高可达 40%，且平面影响范围约为距离桩靴中心 1.6D；沿深度方向土体的扰动程度在 1.8D（16.5 cm）深度范围内基本不变，随后扰动程度显著降低。

③ 反复插拔桩使桩坑底部中心土体发生再次固结，土体进一步被压密，强度约增加 40%。

④ 采用位移控制方式模拟了插桩、作业和拔桩三个过程，并监测得到了贯入力的整体变化规律。初始贯入至黏性土中时，荷载缓慢增加，接近变层处时，荷载发生显著突变，随后近似呈线性增加至峰值；作业期间，贯入力逐渐降低至某一稳定值；由于土壤附加吸力作用，初始拔桩时的瞬时起拔力较大，随后突然降低，最后趋于稳定。此外，黏性土中的贯入力峰值与最终的起拔力峰值较为接近。

⑤ 与第一次插拔桩过程相比较，二次插桩在黏性土中的峰值略有下降，在粉土层中的贯入力峰值略有提升，维持荷载比例有显著提升，初始起拔力略有下降。

11 动三轴试验研究

通过海上原位钻孔取样以及室内动三轴试验模拟测试不同强度波浪荷载作用下埋岛海域海底土的动强度变化规律，评估海底土的液化势，为埋岛油田自升式平台插桩稳定性分析评价提供参数选取依据。

在研究期间在埋岛油田海域开展了海上原位钻孔取样，通过室内试验对所取土样的基本物理性质和静力力学性质进行了测试，并开展了模拟不同强度波浪荷载作用的室内动三轴液化试验，最终给出不同动力条件下海底原状土体动强度的变化规律。技术路线如图 11-1 所示。

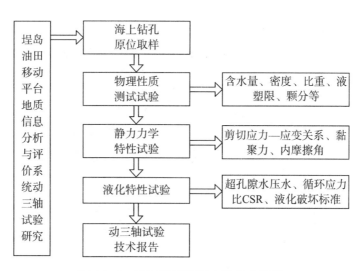

图 11-1 动三轴试验研究技术路线图

11.1　海底土物理性质和静力强度特性

为了查明埋岛海域海底土的基本物理、力学性质，依据国标《土工试验规程》（SL237—1999）中的操作方法，选取代表性原状土样开展了海底土基本物理指标和静力三轴固结不排水（CU）强度测试。

11.1.1　海底土基本物理性质

11.1.1.1　试验方法和仪器

采用国标土工试验规程（SL237—1999）中规定的试验方法对海底土样的基本物理性质进行测试分析，具体试验内容如下：

① 含水率试验：采用烘干法测试土体含水率；

② 密度试验：采用环刀法测试土体天然密度；

③ 液塑限试验：采用型号为 LG-100D 液塑限联合测定仪对土体液、塑限进行测试；

④ 比重实验：采用比重瓶法测试土体颗粒比重；

⑤ 颗粒分析试验：综合筛分法和甲种密度计法对土体的粒径分布进行测试。

11.1.1.2　物理性质试验结果分析

海底土样的基本物理性质测试结果如表 11-1 所示。由表可知，海底土的天然含水量介于 22.8% ~ 27.9%，通常稍小于对应的液限，土体孔隙比较高，介于 0.67 ~ 0.71，饱和度也很高，一般大于 90%，有些土样的饱和度甚至达到了 100%，处于完全饱和状态，这与海底土的赋存环境是相一致的。依据颗分试验结果可知（图 11-2），埋岛海域海底土属于细粒土，液塑限试验表明海底土的塑性指数 IP 介于 7.2 ~ 9.6，根据《岩土工程勘察规范》（GB50021-2009）可将其划分为粉土类别。

鉴于埋岛海域海底土为粉土，加之土体的饱和度和孔隙比均比较高，因此可以预见海底土在地震、波浪等外界动荷载作用下具有发生液化破坏的风险，详细分析见 11.2 节相关内容。

表 11-1 海底土基本物理性质测试结果汇总表

土样编号	海床以下深度 z（m）	含水量 w（%）	液限 w_l（%）	塑限 w_p（%）	塑性指数 I_p	液性指数 I_L	浮重度 γ'（kN/m³）	比重 G_s	孔隙比 e_0	饱和度 S_r（%）	土样分类
W-1	0.65	23.3	26.8	18.7	8.1	0.57	10.00	2.71	0.70	90.20	粉土
W-2	0.90	23.5	26.1	17.6	8.5	0.69	9.98	2.71	0.67	95.05	粉土
W-3	1.18	24.2	28.0	19.1	8.9	0.57	10.02	2.71	0.70	93.69	粉土
W-4	1.59	22.8	28.5	18.9	9.6	0.41	10.03	2.72	0.69	89.88	粉土
W-5	2.55	26.7	28.5	21.3	7.2	0.75	10.02	2.70	0.70	100.00	粉土
W-6	2.97	25.9	30.5	21.9	8.6	0.47	10.01	2.71	0.71	98.86	粉土
W-7	3.25	27.3	31.4	22.0	9.4	0.56	10.06	2.70	0.69	100.00	粉土
W-8	3.60	25.6	28.7	20.6	8.1	0.62	9.99	2.70	0.70	98.74	粉土
W-9	4.30	27.9	31.6	22.6	9.0	0.59	10.04	2.70	0.69	100.00	粉土
W-10	4.75	25.6	29.7	21.6	8.1	0.49	10.03	2.70	0.69	100.00	粉土

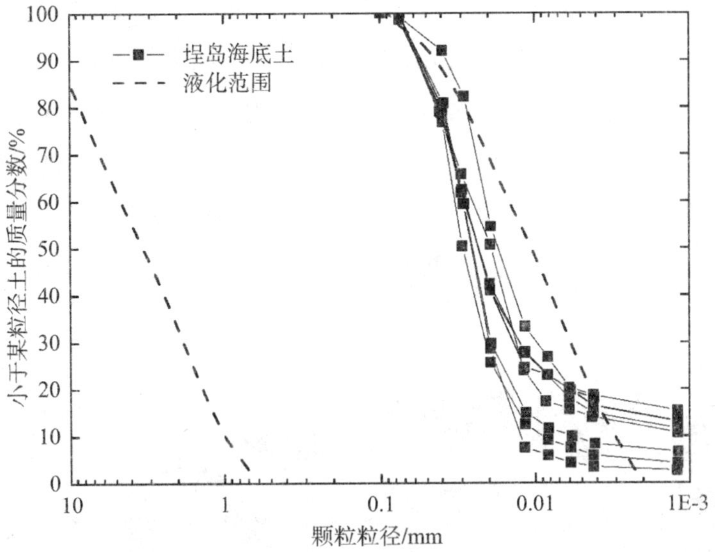

图 11-2 埕岛海域海底土颗粒组成特征

由图 11-2 可知，埕岛海域海底土在 0.04 ～ 0.1 mm 粒径范围内颗粒组成保持较好的一致性，但在 <0.04 mm 粒径范围内颗粒组成表现出较大的离散性，

这与海底土复杂的水动力沉积过程相吻合。整体而言，海底土的颗粒组成基本位于前人总结给出的可液化颗粒粒径包裹范围内（图 11-2），这进一步说明了埕岛海域海底土在动力荷载作用下具有发生液化破坏的风险。

11.1.2　海底土静力固结不排水强度特性

11.1.2.1　试验仪器和方法

静三轴试验采用美国 GCTS 多功能液压剪切系统完成，该系统属于电液压伺服控制系统，由主机、液压源、电控系统和计算机四部分组成。试验数据全部由计算机采集，最后采用专业软件对数据进行整理分析并绘图。

（1）静三轴试验依据的试验标准：

① 《土工试验方法标准》GB/T 50123-1999；

② Standard Test Method for Consoilidated Undrained Direct Simple Testing of Cohensive Soils，ASTM，D 6528-07。

（2）静三轴试验的具体操作流程：

① 试样制备；② 试样饱和，采用真空饱和装置对三轴试样进行真空抽气饱和，直至饱和度 B 值超过 0.95，三轴试样制备和饱和过程如图 11-3 所示；③ 试样加载，对试样开展固结不排水（CU）剪切试验，试样尺寸为 φ 50 mm × 100 mm，各向同性固结，固结稳定标准依据土工试验规范（SL237—1999）的规定，以 30 min 内轴向变形不超过 0.01 mm 为准，固结结束后，采用应变控制加载方式进行不排水剪切试验，应变加载速率为 0.25%/min，试验终止应变为 20%。

图 11-3　三轴试样制备和饱和示意图

图 11-4　三轴试样安装示意图

11.1.2.2　静三轴试验方案

埋岛海域海底土静力固结不排水三轴剪切试验方案如表 11-2 所示。

表 11-2　静三轴试验加载方案

试样编号	海床以下深度 /m	竖向有效固结压力 /kPa	应变控制加载速率 %/min
S-1-1	2.80	50	
S-1-2	2.95	100	
S-1-3	3.08	150	0.25
S-2-1	4.51	50	
S-2-2	4.65	100	
S-2-3	4.86	150	

11.1.2.3　静三轴试验结果讨论与分析

不同围压下埋岛海域海底土固结不排水应力—应变关系和孔压响应规律如图 11-5 和图 11-6 所示。

由图 11-5 可知，随着轴向应变的增大，海底土的剪切强度也不断增大，大致以轴向应变等于 2.5% 为界，应变小于 2.5% 时剪切强度随应变增大而快速增大，表现出一定的弹性特征，当应变大于 2.5% 时剪切强度的增长速率快速减小，表现出明显的塑性破坏特征。总之，不同围压下海底土应力－应变关

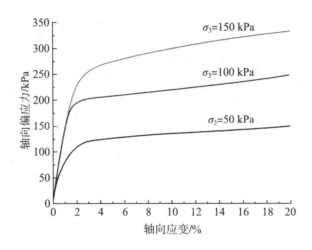

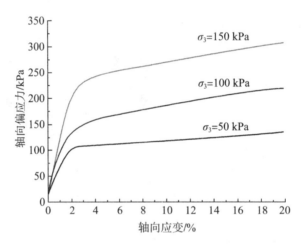

图11-5　静三轴CU应力－应变关系（左侧为试样S-1；右侧为试样S-2）

系曲线均呈应变硬化特征，即应力－应变曲线不存在明显的峰值点，此处取轴向应变15%对应的偏应力用于计算海底土的固结不排水抗剪强度指标（c和φ）。

由图11-6可知，静力加载初期海底土均表现出剪缩特征，孔隙水压力呈快速增长趋势，随着加载过程的持续有的土样（如S-1）仍就发生剪缩变形，孔隙水压力持续增大，但增长速率越来越小，直至剪切末段孔隙水压力达到相对稳定状态；与之相反，有的土样（S-2）剪切后期呈现出一定的剪胀特征，即孔隙水压力随剪应变的增大而减小，且固结围压越高，剪胀趋势越明显。当

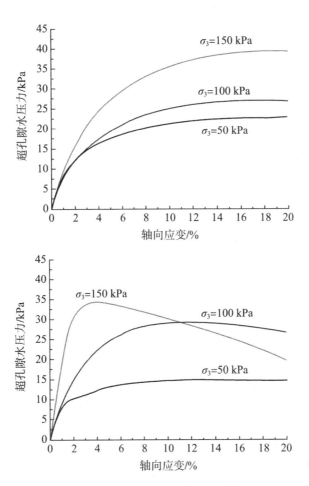

图 11-6　静三轴 CU 孔压响应曲线（左侧为试样 S-1；右侧为试样 S-2）

剪应变达到 20% 时，海底土中超孔压尚未达到负值，试样内部均未形成破裂面，土样破坏形式如图 11-7 所示，即试样中部发生鼓胀破坏。

根据上述试验结果可得到不同围压条件下土体破坏应变 ε_d、试样破坏时的偏应力 $\sigma_1-\sigma_3$ 以及孔隙水压力 u（表 11-3），通过绘制总应力和有效应力摩尔库伦圆及其强度包络线，可计算得到土体的总应力和有效应力强度参数，见图 11-8。

图 11-7　海底土三轴固结不排水剪切破坏形式（S-2）

表 11-3　不同围压下海底土破坏应变、偏应力及孔压

试样编号	试验结果			
S-1	围压 σ_3	50 kPa	100 kPa	150 kPa
	破坏应变 ε_d	15%	15%	15%
	试样破坏时的偏应力 $\sigma_1-\sigma_3$	142 kPa	233kPa	319 kPa
	试样破坏时的超孔压	22.4 kPa	26.9kPa	38.9 kPa
S-2	围压 σ_3	50 kPa	100kPa	150 kPa
	破坏应变 ε_d 取值	15%	15%	15%
	试样破坏时的偏应力 $\sigma_1-\sigma_3$	124 kPa	203 kPa	289 kPa
	试样破坏时的超孔压	14.7 kPa	28.7 kPa	25.7 kPa

如图 11-8 所示，试样 S-1 总应力强度参数 c=16.3 kPa，φ=28.03°，有效应力强度参数 c'=23.2 kPa，φ'=30.93°。试样 S-2 总应力强度参数 c=12.4kPa，φ=26.87°，有效应力强度参数 c'=18.8 kPa，φ'=28.69°。

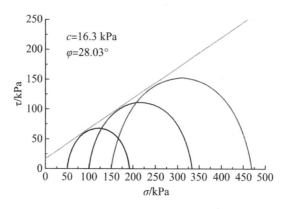

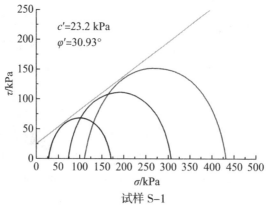

试样 S-1

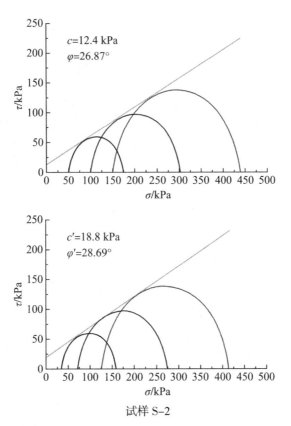

试样 S-2

图 11-8   埕岛海域海底土总应力和有效应力摩尔—库伦圆及强度包络线

11.2 海底土的液化特性

前述研究暗示埕岛海域海底土具有较高的液化势，在动力荷载作用下易于发生液化破坏。本节依托室内动三轴液化试验，探讨不同强度波浪荷载作用下埕岛海域海底土的动应力—应变关系、孔压响应规律以及轴向动应变发展演变趋势，给出不同动力条件下海底土动强度的变化规律，评估海底土的液化特性。

11.2.1 试验仪器和土样制备

动三轴液化试验采用美国 GCTS 循环动三轴剪切系统完成，试验进行时，根据试验方案在计算机上设定程序指令，使振动器产生循环振动荷载，进而作用在试样上，循环振动应力、变形和孔隙水压力分别通过荷载传感器、位移传感器和孔隙水压力传感器测量获得。循环动三轴试验系统如图11-9所示。

动三轴试验所需试样的制备过程和操作程序与静三轴试验保持一致，详见第11.1节相关内容，此处不再赘述。动三轴试验采用等幅正弦波激振，为模拟波浪加载特征，振动频率设定为0.2 Hz，当轴向动应变达到5%时，终止试验。

图11-9　循环动三轴试验系统

11.2.2　动三轴试验加载方案

埕岛海域海底土动三轴试验加载方案如表11-4所示，其中，不同大小循环动应力比CSR代表了不同强度波浪荷载作用。

表11-4　海底土动三轴试验加载方案

土样编号	海床以下深度 /m	固结围压 /kPa	循环动应力比 CSR
D-1	0.65 ~ 1.59	20	0.20/0.40/0.50
D-2	2.55 ~ 3.60	40	0.20/0.26/0.40

11.2.3　动三轴试验结果讨论与分析

11.2.3.1　动应力—应变关系

图11-10给出了动三轴试验过程中海底土轴向偏应力—轴向应变、轴向应变和加载时间之间的典型曲线。

试验采用应力控制进行加载，振动过程中竖向动应力幅值保持不变。由图11-10可知，海底土初始轴向应变以拉伸为主，压缩变形较小，随着振动次数的增加，土体内部孔压逐渐增大，有效围压逐渐减小，试样抵抗外部动荷载的能力不断减弱，导致轴向压缩变形随振次的增加而不断增大，直至压缩弹性和塑性应变之和达到5%。动荷载加载初期海底土轴向动应变发展较快，随加载过程继续动应变增长速率有所递减，直至达到5%的液化中止条件。

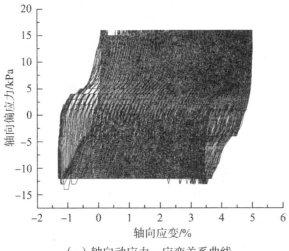

（a）轴向动应力—应变关系曲线

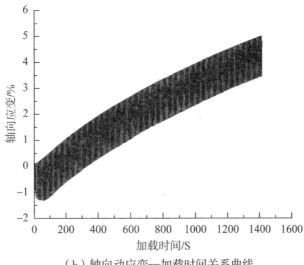

（b）轴向动应变—加载时间关系曲线

图 11-10　海底土动三轴试验典型曲线（σ=20 kPa，CSR=0.40）

11.2.3.2　孔压响应规律

图 11-11 给出了海底土孔压时程、孔压—振次以及孔压比—振次比之间的关系曲线。

不同试验条件下的孔隙水压力发展规律大体呈两种变化趋势：① 加载初期，孔压增长较快，达到一定程度后，增长速率逐渐变小，最后渐趋于稳定；② 与初始加载相比，后期孔压增长速率相对较低，但整个加载过程中孔压增长速率变化不太显著。需要注意的是，当轴向应变达到 5% 时，有些土样孔压尚未达到围压，因此，埋岛海域海底土的液化判别宜综合孔压和应变两种破坏标准进行考虑。

结合土体物理性质及海底不均匀地层结构分析上述孔压发展规律，主要与以下几方面因素有关：① 初始振动过程中，土颗粒相互挤压并重新排列，土骨架发生变形，产生超孔隙水压力，同时由于粉土的渗透系数较小，孔压消散较为缓慢，导致孔压急剧上升；② 由于土中存在一定的黏粒，使粉土具有一定的结构强度和黏结强度，进而阻碍和限制了孔压的增加，导致后期孔压增长缓慢，直至稳定仍达不到有效围压；③ 制样过程中发现有些样品中存在黏土和粉土互层，或者在试验结束后切开试样，发现试样内部存在黏土团，这种互层和黏土团的存在导致颗粒重新排列能力较弱，最终阻碍孔压积累，使得整个加载过程中孔压积累速率趋于一致。

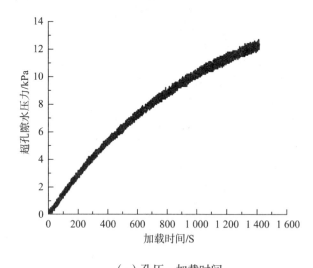

（a）孔压—加载时间

图 11-11　海底土孔压响应规律（σ=20 kPa，CSR=0.40）（1）

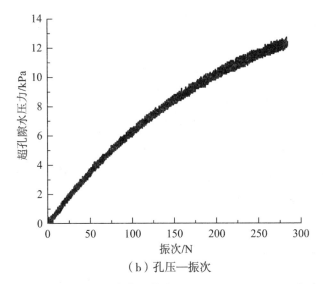

（b）孔压—振次

图 11-11　海底土孔压响应规律（σ=20 kPa，CSR=0.40）（2）

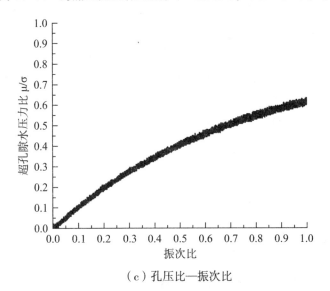

（c）孔压比—振次比

图 11-11　海底土孔压响应规律（σ=20 kPa，CSR=0.40）（3）

11.2.3.3　动强度变化规律

图 11-12 给出了不同有效固结应力条件下，循环动应力比 $\sigma_d/2\sigma_3$ 与液化破坏振次 N_f 的关系。由图 11-12 可知，循环动应力比 CSR 随液化破坏振次的增

大而不断减小，衰减速率先快后慢，最终随着破坏振次的进一步增大而渐趋于稳定，稳定值约为0.20。由于在不同有效固结应力作用下，海底土循环动应力比衰减趋势比较接近，因此采用指数函数对两种有效固结围压下的试验数据进行了曲线拟合，拟合结果如图11-12所示，拟合相关系数 R_2=0.90。

值得注意的是海底土循环动应力比CSR存在一临界值，当 $\sigma_d/2\sigma_3$ 大于临界值时，在长期往复荷载作用下，土体将发生液化破坏，若 $\sigma_d/2\sigma_3$ 小于临界值，土体在往复荷载作用下不会发生液化破坏。根据动三轴液化试验结果判断，在有效固结压力为20～40 kPa范围内，海底土液化破坏（ε_d=5%）临界循环动应力比CSR约为0.20。

表11-4　循环应力比与破坏振次 N_f

有效固结应力 σ_3/kPa	20			40		
循环应力比 CSR	0.20	0.40	0.50	0.20	0.26	0.40
破坏振次 N_f	389	213	82	1 080	492	113

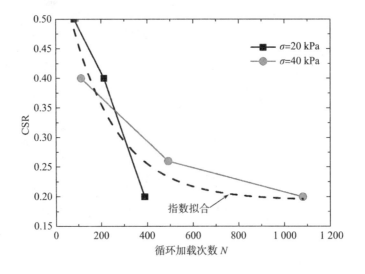

图11-12　海底土循环应力比CSR—循环加载次数 N 相关关系

11.3 小结

本研究利用室内动三轴试验模拟波浪循环加载作用，测试了埋岛海域海底原状粉土的基本物理性质、静力三轴固结不排水抗剪强度特性以及液化特性。重点探讨了不同强度波浪荷载作用下海底土动强度变化特性及孔压响应特征，得出了以下研究结论。

① 依据液塑限和颗分试验结果，埋岛海域浅层海底土属粉土，天然饱和度高，具有较高潜在液化风险。

② 不同围压下海底土的固结不排水应力 – 应变曲线均呈应变硬化特征，剪应力 – 应变关系曲线的拐点大致位于剪应变为 2.5% 处。剪切破坏模式为试样中部鼓胀破坏，未形成剪切破坏面。

③ 埋岛海域海底土的总应力强度指标 c 介于 16.9 ~ 20.3 kPa，φ 介于 23.27° ~ 25.15°，有效应力强度指标 c' 介于 22.1 ~ 30.6 kPa，φ' 介于 24.96° ~ 25.72°。

④ 埋岛海域海底土动孔压随循环加载次数的增加呈先快速增大而后逐渐趋于稳定的趋势，相同围压下，施加的动应力越大，海底土超孔压增长的越快。在 5% 的动应变范围内，试验土样的动孔压均小于有效围压，从工程角度分析，应变标准比孔压标准更适合用来评估埋岛海域海底粉土的液化势。

⑤ 埋岛海域海底粉土动应变随循环加载次数 N_f 增大呈先快速增大而后缓慢递增趋势，相同围压下，施加的动应力越大，海底土动应变增长的也越快。

⑥ 埋岛海域海底土动强度随循环振动次数 N_f 的增加呈指数形式减小，当有效固结围压介于 20 ~ 40 kPa 时，液化破坏（ε_d=5%）的临界循环动应力比约为 0.20。

12 结论和建议

12.1 结论

　　埕岛油田海上自升式平台插拔桩计算与评价方法研究，完成了数据收集、数据库建立工作，创新性地采用大变形有限元分析方法结合离心机试验等科学研究，建立了计算模型；完成了动三轴室内试验和反复插拔桩试验研究，最终建立了完成可靠的埕岛油田海上移动平台地质信息分析与评价系统。

　　① 形成的评价方法，经施工验证，插桩计算深度和实际插桩深度吻合率达到 95% 以上。

　　② 本项目开展的离心机试验与数值模拟结果对 DF 的预测公式进行了修正，显著改善了现有方法的预测精度。

　　③ 本课题研究成果在埕岛油田自升式移动平台插桩计算结果优于 ISO 规范推荐方法。

　　④ 从工程角度分析，应变标准比孔压标准更适合用来评估埕岛海域海底粉土的液化势。

12.2 建议

　　目前已完成埕岛油田海上自升式平台插拔桩计算与评价方法工作，形成了一套完善的自升式平台稳定性的评价方法，为海上平台插桩施工的安全性提供有力保障。

今后，根据需求可进一步开展以下两方面的研究工作：

① 海上自升式移动平台插桩风险预测研究工作；

② 平台老桩坑土层形成规律对平台插桩影响研究。

参考文献

［1］Geotechnical and Foundation Design Considerations. ISO 19901-4：2003.

［2］Standard Test Method for Bearing Capacity of Soil for Static Load and Spread Footings. ASTM D 1194-94.

［3］海上平台场址工程地质勘察规范. GB/T 17503-2009.

［4］岩土工程勘察规范. GB/T 50021-2001.

［5］荆少东."铁板砂－黏土"中桩靴贯入峰值阻力的离心试验.［J］.土工基础, 2019，36（2）：232-235.

［6］郑敬宾.复杂土层中自升式平台桩靴安装穿刺预测.［J］.2018, 36（3）：123-130.

［7］李飒.夹层土上自升式钻井平台穿刺机理的离心模型试验研究.［J］.岩土工程学报，2015，37（3）：479-486.

［8］李飒.自升式钻井平台桩靴在多层黏土中的穿刺机理分析.天津大学.［D］.2013.

［9］许靖.自升式钻井平台桩靴结构分析.［J］.船舶工程，2012，（3）：76-79.

［10］王鹏.自升式钻井平台插桩数值模拟研究.［D］.天津大学，2012.

［11］姚首龙.桩靴基础自升式钻井平台在砂土层下伏黏土层中的插桩分析.［J］.船海工程.2013，2：111-114.

［12］荆少东.利用静力触探获取埕岛油田海底土体抗剪强度指标的方法. ZYJS2016-08K［P］，2016-12.

［13］侯方.原位测试在海上移动平台插桩计算中的应用［A］.石油天然气勘察技术中心站第二十二次技术交流会论文集，2016.

［14］任利辉.双层黏土中自升式平台桩靴极限承载力数值分析.［J］.工程设计学报.2017，4：425－429.

［15］Randolph MF，Gourvenec S S. Offshore Geotechnical Engineering［M］. New York：Spon Press，2011.

［16］Wang D，Merifield R. S，Gaudin C. Uplift behaviour of helical anchors in clay［J］. Canadian Geotechnical Journal，2013，50（6）：575－584.

［17］Hossain M S，Hu Y，Ekaputra. D. Skirted foundation to mitigate spudcan punch-through on sand-over-clay［J］. Géotechnique，2014，64（4）：333－340.

［18］Stewart D P，Randolph M F. T-Bar penetration testing in soft clay［J］. Journal of Geotechnical Engineering，1994，120（12）：2230－2235.

［19］Finnie I M S，Randolph M F. Punch-through and liquefaction induced failure of shallow foundations on calcareous sediments［A］. Proceedings of the 17th International Conference on the Behaviour of Offshore Structures［C］. 1994：217－230.

［20］White D J，Gaudin C，Boylan N，et al. Interpretation of T-bar penetrometer tests at shallow embedment and in very soft soils［J］. Canadian Geotechnical Journal，2010，47（2）：218－229.

［21］Teh K L，Leung C F，Chow Y K，et al. Centrifuge model study of spudcan penetration in sand overlying clay［J］. Geotechnique，2010，60（11）：825－842.

［22］Lee K K，Randolph M F，Cassidy M J. Bearing capacity on sand overlying clay soils：A simplified conceptual model［J］. Geotechnique，2013，63（15）：1285－1297.

［23］Hu P，Stanier S A，Cassidy M J，et al. Predicting peak resistance of spudcan penetrating sand overlying clay［J］. Journal of Geotechnical and

Geoenvironmental Engineering, 2014, 140（2）: 04013009

[24] Randolph M. F., Cassidy M. J., Gourvenec S. & Erbrich C. T. Challenge of offshore geotechnical engineering [A]. Proceedings of the 16th international conference on soil mechanics and geotechnical engineering [C]. 2005: 123－176.

[25] Hu P, Wang D, Cassidy M J, et al. Predicting the resistance profile of a spudcan penetrating sand overlying clay [J]. Canadian Geotechnical Journal, 2014, 51（10）: 1151－1164.

[26] Zheng J, Hossain M S, Wang D. Prediction of spudcan penetration resistance profile in stiff-over-soft clays [J]. Canadian Geotechnical Journal, 2016, 53（12）: 1978－1990.

[27] Hu P, Wang Dong, Stanier S A, et al. Assessing the punch-through hazard of a spudcan on sand overlying clay [J]. Géotechnique, 2015, 65（11）: 883－896.

[28] Hu P, Stanier S A, Cassidy M J, et al. Predicting peak resistance of spudcan penetrating sand overlying clay [J]. Journal of Geotechnical and Geoenvironmental Engineering, 2014, 140（2）: 04013009.

[29] Hu P, Wang D, Cassidy M J. A comparison of full profile prediction methods for a spudcan penetrating sand overlying clay [J]. Géotechnique Letter 5, 2015: 131－139.

[30] Zheng J, Hossain M S, Wang D. Numerical investigation of spudcan penetration in multi-layer deposits with an interbedded sand layer [J]. Géotechnique, 2017, 67（12）: 1050－1066.

[31] SNAME. Guidelines for site specific assessment of mobile jack-up units, T & R Bulletin 5－5 and 5－5A, panes OC－7 site assessment of jack-up rigs[S]. USA, NJ Jersey City: Society of Naval Architects and Marine Engineers, 2008.

[32] Qiu G, Henke S. Controlled installation of spudcan foundations on loose sand

overlying weak clay〔J〕. Marine Structures, 2011, 24（4）: 528–550.

〔33〕Qiu G, Grabe J. Numerical investigation of bearing capacity due to spudcan penetration in sand overlying clay. Canadian Geotechnical Journal. 2012, 49（12）: 1393–1407.

〔34〕张朋. 埕岛海域工程地质环境与工程适宜性研究〔D〕. 山东青岛: 中国海洋大学, 2012.

〔35〕Zheng J, Hossain M S, Wang D. Prediction of spudcan penetration resistance profile in stiff-over-soft clays〔J〕. Canadian Geotechnical Journal, 2016, 53: 1978–1990.

〔36〕Bolton M D. The strength and dilatancy of sands〔J〕. Géotechnique, 1986, 36（1）: 65–78.

〔37〕Bolton M D. Discussion: the strength and dilatancy of sands〔J〕. Géotechnique, 1987, 37（2）: 219–226.

〔38〕Einav I, Randolph M F. Combining upper bound and strain path methods for evaluating penetration resistance〔J〕. Int. J. Numer. Methods Engng, 2005, 63（14）: 1991–2016.

〔39〕Low H E, Randolph M F, DeJong J T, Yafrate N J. Variable rate full-flow penetration tests in intact and remoulded soil〔C〕. In Geotechnical and geophysical site characterization: Proceedings of the 3rd international conference on site characterization, Taiwan, Taipei, 2008, 1087–1092.

〔40〕ISO（International Organization for Standardization）. ISO19905–1: Petroleum and natural gas industries: site-specific assessment of mobile offshore unit. 1: jack-ups. 2012.

〔41〕Hossain M S, Randolph M F. New mechanism-based design approach for spudcan foundations on single layer clay〔J〕. Journal of Geotechnical and Geoenvironmental Engineering, 2009, 135（9）: 1264–1274.

〔42〕Lee K K, Randolph M F, Cassidy M J. Bearing capacity on sand overlying clay soils: A simplified conceptual model〔J〕. Géotechnique,

2013，63（15）：1285-1297.

[43] Houlsby G T，Martin C M. Undrained bearing capacity factors for conical footings on clay [J]. Géotechnique，2003，53（5）：513-520.

[44] Hossain M S，Hu Y，Ekaputra D. Skirted foundation to mitigate spudcan punch-through on sand-over-clay [J]. Géotechnique，2014，64（4）：333-340.

[45] Craig W H，Chua K. Deep penetration of spud-can foundations on sand and clay [J]. Géotechnique，1990，40（4）：541-556.

[46] Teh K L，Leung C F，et al. Centrifuge model study of spudcan penetration in sand overlying clay [J]. Géotechnique，2010，60（11）：825-842.

[47] Hu P，Cassidy M J. Predicting jack-up spudcan installation in sand overlying stiff clay [J]. Ocean Engineering，2017，146，246-256.

[48] Hu P，Stanier S A，et al. Effect of footing shape on penetration in sand overlying clay [J]. International Journal of Physical Modelling in Geotechnics，2016，16（3）：119-133.

[49] Hu P，Wang D，Cassidy M J，et al. Predicting the resistance profile of a spudcan penetrating sand overlying clay [J]. Canadian Geotechnical Journal，2014，51（10）：1151-1164.